破綻したプルトニウム利用

――政策転換への提言

原子力資料情報室／原水禁 編著

緑風出版

目次

破綻したプルトニウム利用——政策転換への提言

＊本書では燃料の重量を「トン」であらわしているが、これは燃料全体の重量ではなく、燃料中のウランやプルトニウムの量である。厳密には「トンU（ウラン）」なり「トンHM（ヘビーメタル）」とすべきところ、慣習的に「トン」だけで済ますことも多い。

まえがき

藤本泰成

オバマ大統領は、当選直後に脱温暖化政策をビジネスとして広げ、環境と経済の危機を同時に回避していこうとする「グリーン・ニューディール」政策を打ち出した。太陽光や風力などの再生可能エネルギーの拡大、食用ではない植物によるバイオエネルギー、プラグインハイブリッド車の普及などで、エネルギー政策だけで一〇年間に一五〇〇億ドル（約一五兆円）の投資を行ない、五〇〇万人の雇用を作り出すというもの。就任演説においても「私たちは、新しいエネルギーを活用しなくてはならない。新しい仕事を創り出さなくてはならない」と述べている。ブッシュ政権が、温暖化防止への取り組みが「経済成長を妨げる」と反対していたのに対して、全く真逆な方向へ転換した。国際自然エネルギー機関（IRENA）が二〇〇九年一月に発足するなど、自然エネルギーは、再生可能エネルギーとして注目され、今や世界の潮流である。

このような世界情勢の中で、日本の原子力重視のエネルギー政策は、いよいよもって孤立しようとしている。二〇一〇年三月に出された政府の「温暖化対策基本計画」においても、原子力発電所一四基を新増設し、その稼働率を九〇％（現在六〇％台）に引き上げることが対策の柱とされている。原子力発電を中心としたエネルギー政策に変更はない。そして、将来は原発の使用済み燃料から再処理工場でプルトニウムを抽出し高速増殖炉で燃料として使用する「核燃料サイクルシステム」を構築するとしている。このような政策は、自然エネルギーの利用促進の大きな障害になっている。「核燃料サイクルシステム」が構築できなければ、日本のエネルギーは行き詰まることとなる。「高速増殖炉もんじゅ」と「六ヶ所再処理工場」が一体となったこのシステムの実現性には、多くの科学者が疑問を投げかけている。プルトニウムを再生産していくという夢の原子炉とされた高速増殖炉開発は、すでに一九八〇年代には米国、英国、フランス、ドイツ各国が撤退するという状況になり、今や日本とインドしか残らないこととなっている。これまで日本政府は、この計画に四兆円とも言われる膨大な財政支出を行なってきた。しかし、「もんじゅ」はナトリウム漏出事故以来約一五年稼働せずにいたものを強引に動かしたものの実用化にはほどとおく、再処理工場はガラス固化体製造過程のトラブルで操業のめどは立ってない。このような壮大な無駄遣いを、放置していいものだろうか。各国が撤退した理由は明白である。危険である軽水炉型原発の何倍も高速増殖炉が危険であること、ゆえに実用化のめどが立たないことにある。

しかし、日本政府はこの事実を国民に明確に知らせないできた。データを都合のいいようにねつ造し、科学の力は問題を克服できると宣伝してきたのである。そして、資源に乏しい日本には、それしか選択肢がないことを強調してきた。嘘とまやかしの、「核燃料サイクルシステム」ありきの政策が取られてきたのである。

本書は、この「核燃料サイクルシステム」がいかに問題であるかを、詳細なデータと科学的根拠に基づいて説明している。「核燃料サイクルシステム」は破綻しているということ、そして、このシステムを無理に動かそうとする政府の姿勢がいかに危険であるかということが、丁寧な文章で語られている。しかし、その文脈には嘘とまやかしの政府の姿勢を糾弾し、将来に禍根を残すであろうこの計画の推進を絶対に許さないとの強い意志を感じる。これがまさに、原子力資料情報室の、理性的に、静謐に、しかし確固たる信念を持って脱原発の運動に取り組んできたみなさんの真骨頂なのだと感じる。「核と人類は共存できない」。原水禁運動の基本が、明確に語られている。

I

核燃料サイクルとはなにか

伴英幸

伴英幸

本章では「核燃料サイクル」の流れについて基本的な解説を行なう。すでにご存じの方は読み飛ばして次章にお進みいただきたい。

原子力発電所が電気を生み出すためには、発電所は言うに及ばず、燃料を製造する施設や使い終わった燃料の貯蔵や処理など、さまざまな施設が必要になる。原発を中心に見れば、燃料が加工工場からやってきて、使い終わった燃料は使用済み燃料としてなんらかの処理がなされる。発電は蒸気を使ってタービンを回すので、蒸気を再び水に戻すために大量の冷却水が必要になる。作られた電気は送電線網に乗って運ばれていく、といった具合である。

核燃料サイクルは「核燃料」に焦点を当てて、その流れを見ていくものである。ウラン鉱山から出発して、製錬、濃縮、燃料加工を経て原発へやってくる。使用済みウラン燃料の処理は大きく二つの方法に分かれる。一つはそのまま貯蔵して最終的に処分する方法である（図Ⅰ‐1）。もうひとつは使用済み燃料を再処理して、この中からプルトニウムを回収して再利用する方法である（図Ⅰ‐2）。プルトニウムは核分裂しやすく、燃料として利用することが可能だからである。製錬から燃料加工までの一連の工程も処理工程なので、使用済み燃料以降の工程を再処理と呼んでいる。

広義には上記の二つの方法とも核燃料サイクルにくくられるが、狭義には、使用済み燃

図Ⅰ-1　再処理をしないケース

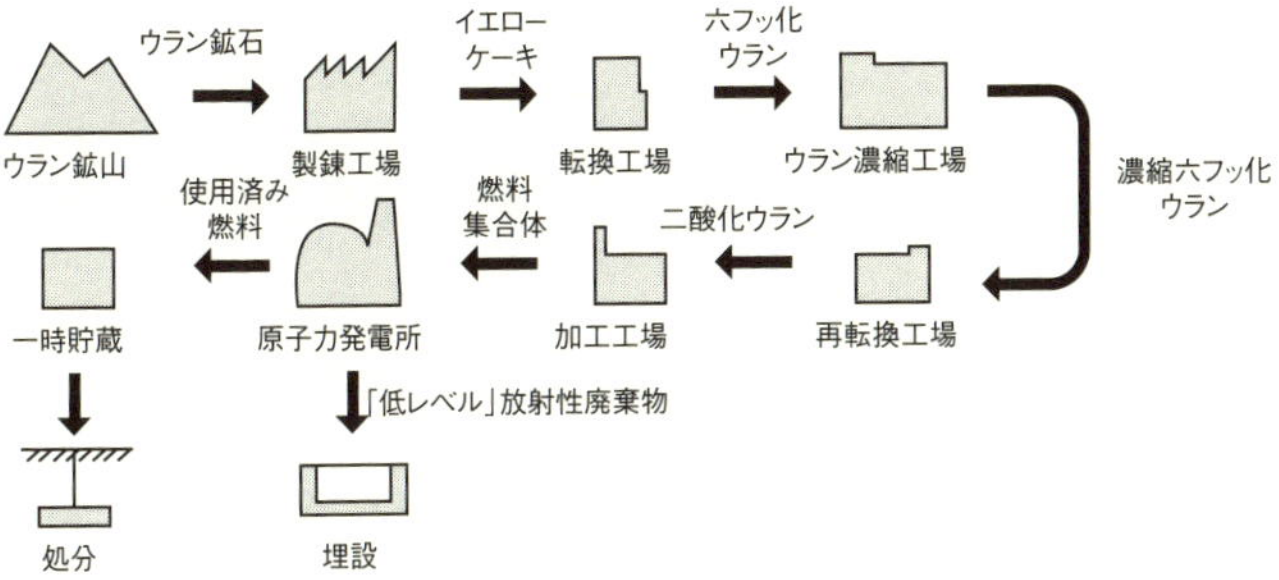

図Ⅰ-2　再処理をするケース

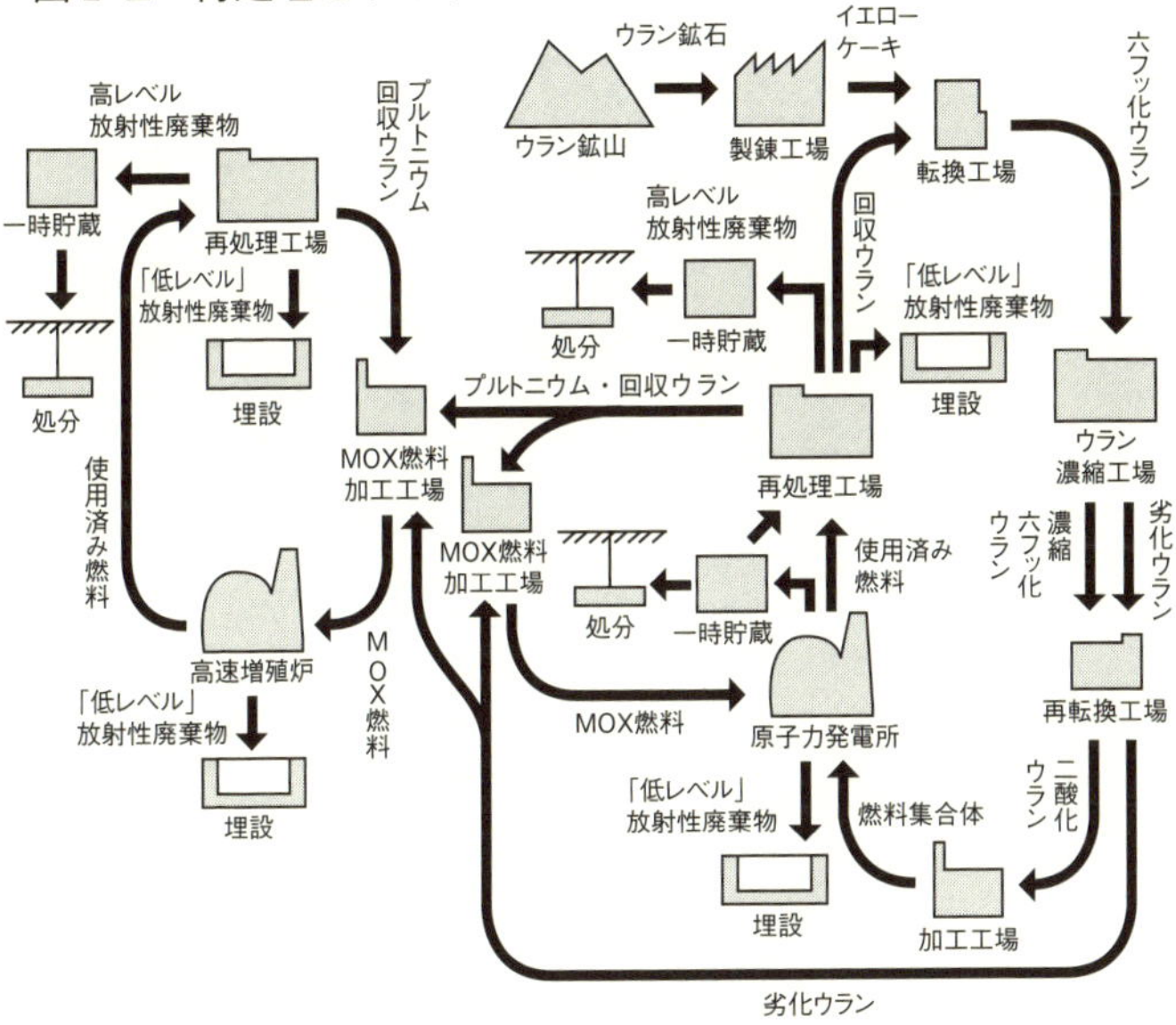

※「低レベル」放射性廃棄物は、図に示したほか、すべての施設で発生する。
※高レベル放射性廃棄物、使用済み燃料は処分せず、管理を続ける考え方もある。

原子力資料情報室作成

料を再処理工程に回さず処理・処分する方法はワンススルーと呼び、再処理工程に進む方法を核燃料サイクルと呼んでいる。

以下、東京電力や東北電力、中部電力、中国電力、北陸電力などが使っている沸騰水型原発を例に量的な面から流れを見ていこう。『原子力ポケットブック』二〇〇九年版（日本電気協会新聞部刊）によれば、電気出力一〇〇万キロワットクラスの原発が一年間に必要とするウラン燃料は二三トンである。このとき、核分裂するウラン－二三五の平均濃度は三・七パーセントほどである。燃料は炉の中で四年程度、使用されて取り出される。原子炉内には約九〇トンのウラン燃料が詰め込まれており、毎年四分の一ずつ交換されていくことになる。加圧水型原発は年間に必要なウラン量は一八トンで平均濃度は四・八パーセントとなる。

二三トンのウラン燃料を作るために、ウラン鉱石はおよそ一一万トンが必要になる。鉱石を掘り出したあとには、さらに大量のウラン残土が残ることになる。

鉱石に含まれるウランの割合（品位という）にもよるが、標準的なケースでは一一万トンのウラン鉱石から一七七トンのウランが得られる。残りのカスが鉱滓《こうさい》である。日本でも岡山・鳥取県境の人形峠などでウラン採掘を行なっていたが、品位があまりにも悪いので採算が合わずあきらめた。その際に残された残土が、深刻な問題となっている。結果的にウランは、全量が海外からの輸入に依存している。

製錬されたウランは、いわゆるイエローケーキ（八酸化三ウラン）の状態で流通過程に入る。黄色い固体なのでこの呼び名がある。ウラン‐二三五は、天然のウラン中に〇・七パーセントしか含まれていない。このウランを、濃縮するために六フッ化ウランの状態にする。これを転換と呼んでいる。六フッ化ウランは常温では固体だが、およそ六〇度で直接気体になる。気体のウランをつかうことでウラン‐二三五の割合を高める濃縮が可能になる。

一七七トンのウランから二三トンの濃縮ウランを作る。残りのウランを劣化ウランという。劣化ウランの中にも、ウラン‐二三五はわずかだが含まれている（〇・三パーセント程度）。どの程度まで残すかはウランの取引き価格に依存している。劣化ウランは、今のところひたすら貯蔵されているが、一部は砲弾や銃弾に利用されている。これは劣化ウラン弾と呼ばれ、湾岸戦争の後、国際問題となっている。

原子炉の中では活発に核分裂が行なわれている。この核分裂に伴う熱を利用して蒸気を作り、発電機を回して電気を作り出している。ウラン燃料二三トンが使用済み燃料として取り出される時点で、核分裂した分の破片（核分裂生成物。強い放射能を持っている）が約六五〇キログラムできている。使用済み燃料の中には、核分裂片のほかに、プルトニウムやアメリシウムなど超ウラン元素と呼ばれるものが約二〇〇キログラムできている。残りはウランである。残りのウランの九九パーセント以上は核分裂しないウラン-二三八で、一パーセントほどがウラン-二三五である。使用済み燃料の中にあるウラン-二三五は天然の状態よりも少しだけ濃度が高いことになる。

燃料の使用前と使用後を放射能の量で比較すると約一億倍増えている。この放射能は時間の経過とともに少しずつ減少していくが、自然界のレベルにまで減少するのに一〇〇〇万年以上かかる厄介なものである。

ワンスルー方式を採用している世界のほとんどの国は使用済み燃料を一定期間貯蔵したのち、そのまま処分する計画である（図I-1）。これに対して、再処理路線を採用している少数の国では、以下のようなサイクルとなる（図I-2）。

プルトニウムは使用済み燃料の中に生まれているのだから、これを取り出す必要がある。この工程が再処理である。商業化されている湿式法では、使用済み燃料をぶつ切りにし、硝酸に溶かして核分裂生成物とウラン、プルトニウムを分離する。

分離したプルトニウムを燃料にして、さらに燃料のまわりのウラン-二三八からプルトニウムを生み出す。うまくすれば消費した以上のプルトニウムを作り出せる。こうして考案されたのが高速増殖炉というタイプの原子炉である。

高速増殖炉開発と再処理開発との間に時間的なずれがあっても当然だ。再処理は核兵器開発の中で技術的には獲得されている。そのタイムラグをつなぐものとして、プルトニウムの軽水炉での利用が考えられた。これがいわゆるプルサーマルである。実際には、高速増殖炉の実用化に成功した国はない。図Ｉ - ２の左側にある高速増殖炉が実用化された場合のサイクルは、成立していない。

再処理から取り出されたプルトニウムは燃料加工工場に運ばれ、プルサーマルのために各地の原発に運ばれる。大量のプルトニウムが地上を行き来することになる。

また、プルサーマルを行なった場合、使用済みプルサーマル燃料中に含まれる放射能では、ウランより重たいネプツニウムやアメリシウム、キュリウムといった超ウラン元素の割合がウランの使用済み燃料に比べて多い。これらの放射能は寿命が長い。そこで、使用済みウラン燃料と使用済みプルサーマル燃料を比較すると、放射能の減り方が遅いプルサーマル使用済み燃料がより厄介と言える。

サイクルのどの工程でも放射性廃棄物が発生している。鉱山では残土や鉱滓が、転換や濃縮、燃料加工工場ではウランの廃棄物が、そして原発では定期検査時に交換した部品や放射能で汚染された工具、作業服、手袋といった低レベルの放射性廃棄物が出てくる。使用済み燃料を直接処分する場合には、使用済み燃料がすなわち高レベル放射性廃棄物となるが、再処理をする場合には、再処理工程で出てくる気体放射能フィルターや燃料棒の被覆管、留め金などの放射能で汚染された廃棄物が出てくる。そして核分裂生成物（高レベル廃液）はガラスと一緒に固めて（ガラス固化体）三〇年〜五〇年間保管された後に処分されることになる。直接処分の使用済み燃料も、再処理のガラス固化体も、地下深くに埋め捨てにする地層処分方式が考えられているが、実現している国はどこもない。

図Ⅰ‐2を図Ⅰ‐1と比べれば一目瞭然なように、再処理路線ではきわめて多くの施設が必要とされ、それらの施設を建てては壊すことをくりかえさなくてはならない。放射性廃棄物は増え続けるし、事故の機会も当然ながら多くなる。核拡散の危険性も増す。まずは再処理路線を放棄することが喫緊の課題だと言えよう。

II

動けない六ヶ所再処理工場

澤井正子

澤井正子

1　再処理工場とは何か

核燃料サイクルの目的は、再処理工場でプルトニウムを分離し、高速増殖炉で増殖することだ。この政策に沿って青森県六ヶ所村に建設されている六ヶ所再処理工場は、一年間の運転で約八〇〇トンの使用済み燃料を再処理し、約八トン（うち核分裂性プルトニウムは約五トン）のプルトニウムを取り出す能力を持つとされている。六ヶ所再処理工場は、世界的に見ても核保有国に劣らない大規模なプルトニウム生産工場である。

工場は一九九三年四月から建設が開始され、当初計画では二〇〇〇年から本格的に稼働することになっていた。しかし工場の設備・機器類の度重なる事故・トラブルによって、工場竣工時期の延期が一七回も続いている。二〇一〇年初頭の現在、竣工予定は一〇月となっているが、この日程の実現も危うい状態だ。着工から二〇年近い月日を費やしても稼働できない核燃料サイクルの要。それが六ヶ所再処理工場である。

六ヶ所再処理工場建設計画の経過

六ヶ所再処理工場計画の今日までの経過を振り返ってみよう（表II-1）。再処理事業の許可が日本原燃（当時は日本原燃サービス）に認められたのは一九九二年一二月で、九三年四月に建設が開始され、最初に完成したのは使用済み燃料を貯蔵するための燃料プールだ。日本各地の原発サイトでは使用済み燃料プールの貯蔵容量が少ないこともあり、三〇〇〇トンの貯蔵容量をもつ六ヶ所工場のプールの建設が急がれたためである。

二〇〇〇年一二月、全国の原発から使用済み燃料の受け入れが始まった。しかし輸送開始一年後の二〇〇一年一二月、プールの内側に張られているステンレスライナーの溶接不良のため、冷却水の漏洩が確認された。最終的には、二九一カ所もの不良溶接が発覚するという大問題になった。補修工事のため約一九カ月の間、使用済み燃料の受け入れを中止する事態となった。工場の施設そのものの「品質保証」が問われることになったのである。

一方、再処理工場本体は二〇〇一年にほぼ完成し、本格稼働に向けて化学薬品、劣化ウランなどを使用した試験が行なわれてきた。そして二〇〇六年三月末からアクティブ試験が開始された。試験といっても実際の操業状態を模して行なわれるので、死の灰のかたまりである使用済み燃料を使った試験であり、試験開始直後から、六ヶ所村の空や海へ放射能放出が始まった。同年一一月には、ウランとの混合酸化物の形でプルトニウムの抽出も開始されている。

アクティブ試験の最終段階にあたる高レベル廃液ガラス固化試験は二〇〇七年一一月か

1999	4月26日	日本原燃、再処理工場の操業開始を2005年7月に延期。総工費は8400億円から2兆1400億円に大幅増加
	12月3日	科技庁、使用済み燃料プールの使用前検査合格証交付（燃料プールの稼働開始）
2000	12月19日	使用済み燃料搬入開始（操業開始予定は2005年7月）
2001	12月28日	使用済み燃料プールでプール水漏洩発覚
2002	11月1日	再処理工場化学試験開始（→03/12/20終了）
	11月15日	使用済み燃料プール漏洩の原因は不良溶接（→12/23原燃、プール漏洩問題で使用済み燃料搬入中断）
2003	1月1日	日本原燃本社、青森市から六ヶ所村に移転
	8月6日	燃料プールの点検終了、不良溶接291カ所と判明（9/19再処理工場の操業開始を06年7月に延期）
2004	6月3日	使用済み燃料の搬入再開（1年7カ月ぶり）
	12月21日	再処理工場でウラン試験開始（→06/1/22終了）
2005	3月28日	再処理工場操業開始を2007年5月に延期
2006	3月31日	アクティブ試験開始（実質稼働開始）（→4/28放射能を含む廃液の海洋放出開始）（操業開始予定は2007年8月）
	5月25日	再処理工場で36歳男性がプルトニウム被曝、6/24にも19歳男性がプルトニウム被曝、いずれも下請け労働者
2007	1月31日	再処理工場操業07年11月へ延期（その後も→08年/2月→5月→7月→11月→09年2月→8月と延期）
	4月18日	再処理工場燃料プールの「チャンネルボックス切断装置」等で耐震設計ミスが11年間隠蔽されていたことが発覚（使用済み燃料搬入6カ月中断）
	11月5日	ガラス固化体の製造試験開始（直後に固化体の蓋の溶接装置故障、24日製造中断）
	12月4日	ガラス固化体の製造試験再開（溶融炉の底に白金属元素堆積のため製造中断）
2008	7月2日	ガラス固化体製造試験半年ぶりに再開、直後に低粘性流体のトラブルで試験中断
	12月1日	ガラス固化体製造試験、攪拌棒が抜けず中断
2009	1月22日	ガラス固化体製造セル内で高レベル放射性廃液約150リットルの漏洩事故発覚（当初発表は約21リットル）
	4月2日	原子力安全・保安院、再処理工場の保安規定違反を指摘
	6月6日	ガラス固化体製造セル内でマニピュレーター修理中の作業員外部被曝
	8月31日	再処理工場操業開始2010年10月へ延期

「デーリー東北」、「東奥日報」、「核燃サイクル阻止一万人訴訟原告団」、「日本原燃」等から原子力資料情報室作成

表Ⅱ-1　六ヶ所再処理工場関連年表

年	月　日	むつ小川原、六ヶ所再処理工場をめぐるできごと
1969	5月30日	「新全国総合開発計画」閣議決定、むつ小川原地域が大規模工業開発候補地に
1971	3月24日	開発主体「むつ小川原開発株式会社」設立
	8月20日	六ヶ所村長寺下力三郎が「開発反対」表明
1972	9月14日	むつ小川原開発、閣議口頭了解
1973	3月25日	むつ小川原巨大開発反対全国集会（六ヶ所村）
	12月	第四次中東戦争による石油価格引き上げによる「オイルショック」（79年にも「第二次オイルショック」）
1977	12月31日	むつ小川原開発（株）、開発区域3700haのうち3300haを確保（開発は頓挫）
1983	12月8日	中曽根首相、「青森を原子力のメッカに」発言
1984	1月5日	電事連、「核燃料サイクル施設」建設構想発表
	7月27日	電事連、県と六ヶ所村に「核燃料サイクル基地」立地協力要請
1985	4月9日	北村知事、県議会全員協議会で「核燃料サイクル基地」受け入れを表明→「反核燃の日」
	4月18日	青森県、六ヶ所村が、日本原燃（株）の前身である日本原燃サービス（株）、日本原燃産業（株）と立地基本協定締結
1988	6月30日	ストップ・ザ・核燃署名委員会、県にサイクル施設建設白紙撤回の約37万筆の署名提出
1989	3月30日	再処理事業指定申請（操業開始予定は1997年12月）
	4月9日	「反核燃の日」全国集会に約1万人参加（六ヶ所村）
	7月23日	参院青森選挙区で反核燃の三上隆雄氏圧勝
1992	3月27日	ウラン濃縮工場操業開始
	12月8日	低レベル放射性廃棄物埋設センター操業開始
	12月24日	再処理事業指定（操業開始予定は2000年1月）
1993	4月28日	再処理工場着工
1995	4月25日	フランスからの第1回ガラス固化体輸送船到着に際し、木村知事、「青森を高レベル廃棄物の最終処分地にしない」との確約を国に求め、輸送船のむつ小川原港接岸を拒否
	4月26日	田中科技庁長官「確約書」提出、ガラス固化体（28本）、高レベル廃棄物貯蔵管理施設に搬入、操業開始
1998	10月2日	再処理工場燃料プールに校正試験用使用済み燃料を搬入
	10月7日	使用済み燃料輸送容器中性子遮蔽材のデータ改ざんの内部告発。科技庁と木村知事、使用済み燃料校正試験と2回目の搬入中止を要請

ら始まったが、トラブルと事故が続発し、試験は中断している。ガラス溶融炉の度重なるトラブルによってガラス固化体がうまく製造できず、さらにそのトラブルの復旧作業中に高レベル放射性廃液約一五〇リットルが配管から漏洩するという大事故を起こした。事故とトラブルの悪循環が続く中、工場の操業時期が大幅に延期されている。

日常的な放射能放出

六ヶ所も含めて世界のほとんどの再処理工場はピューレックス法という方法で、使用済み核燃料から燃え残りのウラン、新たに生成したプルトニウム、核分裂生成物（いわゆる「死の灰」）を分離している。これは「湿式再処理」と呼ばれ、燃料ペレットを硝酸で溶かして放射能を硝酸溶液の状態で扱い、多種類・大量の薬品（有機溶媒）を使って化学的に分離する方法だ。そのため、再処理工場は放射能の汚染や放出、臨界事故など核施設としての危険性をもち、さらに火災・爆発といった化学工場の危険性をも合わせ持つことになる（図Ⅱ-1）。

日本中の原発から輸送されてきた使用済み核燃料は、

【貯蔵・冷却工程】燃料貯蔵プールで熱を冷却しながら貯蔵する。

【剪断《せんだん》・溶解工程】燃料を細かく切断、高温の濃硝酸に溶かす。

図Ⅱ-1　六カ所再処理工場の工程と危険性

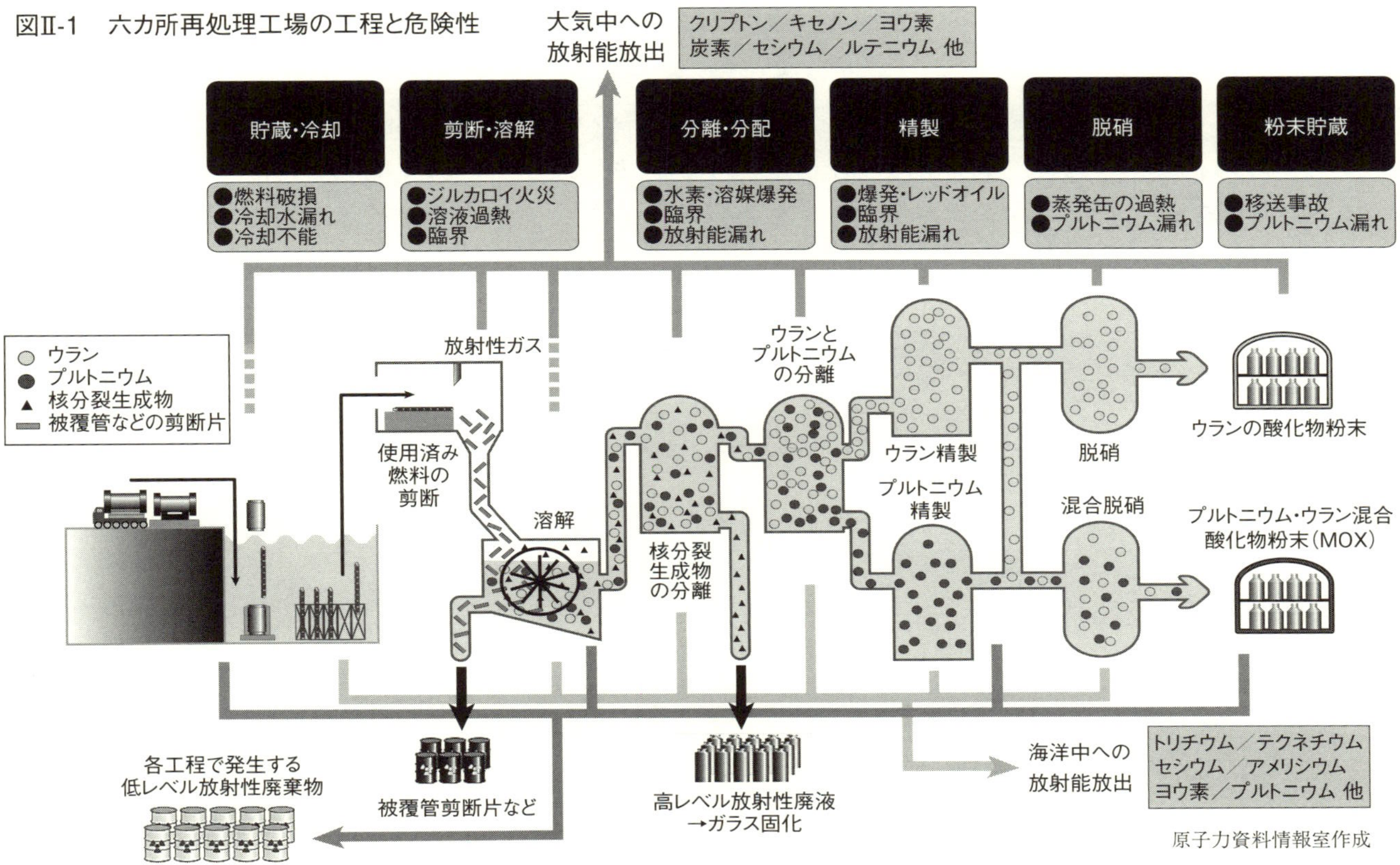
大気中への
放射能放出
クリプトン／キセノン／ヨウ素
炭素／セシウム／ルテニウム 他
貯蔵・冷却
●燃料破損
●冷却水漏れ
●冷却不能
剪断・溶解
●ジルカロイ火災
●溶液過熱
●臨界
分離・分配
●水素・溶媒爆発
●臨界
●放射能漏れ
精製
●爆発・レッドオイル
●臨界
●放射能漏れ
脱硝
●蒸発缶の過熱
●プルトニウム漏れ
粉末貯蔵
●移送事故
●プルトニウム漏れ
ウラン
プルトニウム
核分裂生成物
被覆管などの剪断片
放射性ガス
使用済み
燃料の
剪断
溶解
核分裂
生成物
の分離
ウランと
プルトニウム
の分離
ウラン精製
プルトニウム
精製
脱硝
混合脱硝
ウランの酸化物粉末
プルトニウム・ウラン混合
酸化物粉末(MOX)
各工程で発生する
低レベル放射性廃棄物
被覆管剪断片など
高レベル放射性廃液
→ガラス固化
海洋中への
放射能放出
トリチウム／テクネチウム
セシウム／アメリシウム
ヨウ素／プルトニウム 他

原子力資料情報室作成

【分離・分配工程】はじめに核分裂生成物を、さらにウランとプルトニウムを、有機溶媒や希釈剤などを使用して分離する。高レベル廃液は、蒸発・濃縮後貯蔵し、ガラス固化をして貯蔵する。

【精製工程】ウラン溶液、プルトニウム溶液から、核分裂生成物などを除去する。精製後のウラン溶液の一部は、プルトニウム溶液と五〇パーセントずつの割合で混合する。プルトニウムを単体で取り出すことが核拡散につながるとの批判をかわすため、ウランと混合しておくのである。

【脱硝工程】ウラン溶液、ウラン・プルトニウム混合溶液から硝酸を除去し、酸化物粉末にする。

【粉末貯蔵】ウラン酸化物粉末、ウラン・プルトニウム混合酸化物粉末として貯蔵する。

という工程を経て処理される。

核燃料は、陶器のように焼き固められ、金属のさやに閉じ込められている。しかし再処理工場では、燃料の中からプルトニウムを分離するため、燃料棒を金属のさやごと細切れに剪断することから仕事が始まる。燃料棒に閉じ込められていた気体性の放射能がいっきょに解放される。また工場の工程はすべて放射能で汚染され、汚染された大量の廃液を各工程から生み出すことになる。プルトニウムの分離は、燃料の中にいっしょに閉じ込められている

表Ⅱ-2　再処理工場と原発の管理目標値比較

単位：兆ベクレル

放射能の種類			大飯原発	六ヶ所再処理工場	ラ・アーグ再処理工場（仏）	
			目標値	目標値	規制値	実績値（2004年）
気体	希ガス・クリプトン85		925	330000	470000	263000
	ヨウ素129		—	0.011	0.02	0.00521
	ヨウ素131		0.025	0.017		
	炭素14		—	52	28	17.3
	トリチウム		—	1900	150	71.3
	その他	α線を放出する核種	—	0.00033	0.00001	0.00000185
		α線を放出しない核種	—	0.094	0.074	0.000143
液体	トリチウム以外		0.035	0.4		
	トリチウム		—	18000	18500	13900
	ヨウ素129		—	0.043	2.6	1.4
	ヨウ素131		—	0.17		
	その他	α線を放出する核種	—	0.0038	0.1	0.0174
		α線を放出しない核種	—	0.21	94	23.4

大量の放射能を解放することなしには不可能である。

原発一年分の放射能を一日で出す再処理工場

六ヶ所再処理工場の通常運転で排出される廃棄物のうち、クリプトン‐八五、炭素‐一四、トリチウム（水素‐三、三重水素）などの気体の放射能は、「充分な拡散・希釈効果を有する高さ約一五〇メートルの主排気筒」から放出される。他にも、キセノン、アルゴンなどの希ガス類、NOx（窒素酸化物）類、ヨウ素他の気体性放射能を含む廃ガス類は、フィルタを通した後、大気中に放出される。液体放射性廃棄物は、各種の抽出廃液、濃縮液、溶媒洗浄廃液、不溶解残渣廃液、アルカリ洗浄廃液、廃有機溶媒などで、トリチウム、ヨウ素、テクネチウム、ルテニウム、ロジウム、コバルト、ウラン、ネプツニウム、プルトニウム等の放射能が含まれる。これらは「沖合い約三キロメートル、水深約四四メートルの海洋放出口」から放出される。まさに放射能垂れ流し工場である。

六ヶ所再処理工場は、これらの放射能を通常運転時に環境に排出することを前提に、国から操業を許可されている。これがどのような量なのか、たとえば六ヶ所再処理工場の放出放射能と、大飯原発の年間の基準（管理目標値）とを較べてみよう（表Ⅱ‐2）。

六ヶ所再処理工場では、気体の放射能の主なものとしてクリプトン‐八五が年間三三万兆ベクレル（三三京ベクレル）、トリチウムが一九〇〇兆ベクレルだが、実際にこれだけの放出で収まるかどうかわからない。いっぽう大飯原発では、クリプトン‐八五が九二五兆ベクレルで、今までの放出の実績値はこれより相当低く押さえられている。

再処理工場から液体として捨てられる放射能は、トリチウム、炭素‐一四、ヨウ素‐一二九、プルトニウムなどである。もちろん原発が排出する放射能が安全なわけでもない。それと比べてもケタ違いの量であり、「再処理工場は原発一年分の放射能を一日で出す」といわれる所以がここにある。

米に炭素‐一四、海藻にプルトニウム

このような再処理工場の日常運転（事故ではない！）によって放出される放射能は、工場周辺の環境にどんな影響を与えるのだろうか。青森県や日本原燃が六ヶ所村の将来の放射能汚染を予測した数値がある。これは青森県原子力施設環境放射線等監視評価会議に提出された資料で、青森県のホームページに掲載されているものである（表Ⅱ‐3）。

使用済み燃料に含まれる雑多な放射能が日常的に、六ヶ所再処理工場の主排気筒を含む三本の排気筒から大気中に、そして海洋放出管を通して海中に放出される。当然、工場周辺の空間線量は上昇し、さらに降下した放射能が大地や地下水、河川を汚染し、それを作物が

吸収する。海水が汚染され、海産物が汚染される。その予測によれば、工場周辺で生産される精米からは炭素‐一四が九〇ベクレル（一キログラムあたり、以下同様）、根菜・芋類から炭素‐一四が二〇ベクレル検出されると予測されている。六ヶ所村では、再処理工場が運転を始めると、放射能が空から降ってくるのだ。六ヶ所再処理工場周辺では、この他葉菜などあらゆる農産物から、今まで検出されたことのない放射能の検出が予測されている。

いっぽう、放射能の海への放出に起因する汚染は、ワカメや昆布など海藻類からプルトニウムが〇・〇二ベクレル、魚類からプルトニウムが〇・〇〇五ベクレル、トリチウムが三〇〇ベクレルなどとなっている（表中で「生」とあるのは、乾燥させたものではないという意味）。

将来六ヶ所村で採取される海藻や魚からこれらの放射能が検出されるというのだ。これは今までは検出されなかった放射能だ。今日まで地球上で測定されたプルトニウムやルテニウムなどの放射能は、核実験によってもたらされたものである。しかし、六ヶ所再処理工場が本格稼働を開始すれば、その値を上回る放射能が工場周辺の環境や農産物で確認されることになるし、この値でおさまる保証などない。

被曝量は〇・〇二二ミリシーベルト？

こんな大量の放射能を放出しても、「十分に低い」、「安全」と国や日本原燃は言っている。

表Ⅱ-3　再処理工場の操業に伴う環境モニタリングへの影響（主なもの）

試料の種類等	核　種	対　象	単　位	施設寄与分（増分）の予測植*1	これまでの測定植*2
積算線量	—	モニタリング測定植	μGy/91日	2	74～125
		線量評価植	mSv/年	0.006	0.146～0.245
大気（気体状β）	クリプトン-85換算（kr－85）	モニタリング測定植	kBq/m³	ND（<2）*3	ND（<2）
		線量評価植	mSv/年	—*4	—*4
大気（水蒸気状）	トリチウム（H－3）	モニタリング測定植	mBq/m³	1000	ND（<40）
		線量評価植	mSv/年	0.0002	NE（<0.00005）*5
精米	炭素-14（C-14）	モニタリング測定植	Bq/kg生	90	87～110
		線量評価植	mSv/年	0.006	0.0059～0.0068
葉菜	炭素-14（C-14）	モニタリング測定植	Bq/kg生	5	—*6
		線量評価植	mSv/年	0.0004	—*6
根菜・いも類	炭素-14（C-14）	モニタリング測定植	Bq/kg生	20	—*6
		線量評価植	mSv/年	0.009	—*6
海水	トリチウム（H－3）	モニタリング測定植	Bq/l	300	ND（<2）
		線量評価植	mSv/年	—*7	—*7
	プルトニウム（Pu）	モニタリング測定植	mBq/l生	0.05	ND（<0.02）
		線量評価植	mSv/年	—*7	—*7
海藻	プルトニウム（Pu）	モニタリング測定植	Bq/kg生	0.02	ND（<0.002）～0.007
		線量評価植	mSv/年	0.00007	NE（<0.00005）*5
魚類	トリチウム（H－3）	モニタリング測定植	Bq/kg生	300	ND（<2）
		線量評価植	mSv/年	0.0004	NE（<0.00005）*5
	プルトニウム（Pu）	モニタリング測定植	Bq/kg生	0.005	ND（<0.002）
		線量評価植	mSv/年	0.00009	NE（<0.00005）*5

＊1：モニタリング測定値は、安全審査の被曝経路における放射性物質の移行評価に基づく年間平均値。線量評価値は、モニタリング測定値をもとに青森県の定めた方法（線量算出要領）により算出。

＊2：これまでの測定値の期間
- ・積算線量：平成11年4月～平成16年3月
- ・環境試料：平成元年4月～平成16年3月（ただし、精米の炭素-14は平成7年4月～、魚類のトリチウムは平成10年4月～）。

＊3：年間平均値として有意な増加が認められない場合でも、短期間では測定値に比較的大きな変動が予想されており、個々の測定値に施設寄与がみられる可能性がある。

＊4：クリプトン-85のβ線による線量は、現状、県の線量算出要領の対象外。施設寄与分の予測値（β線による実効線量）を日本原燃㈱の事業指定申請書に記載の方法で算出すると、0.0008mSv/年となる。

＊5：NDは定量下限値未満を意味し、NEは評価を行うレベル未満であることを意味する。モニタリング測定値がND又は線量評価値が0.00005mSv/年未満の場合NEと表示している。

＊6：平成17年度から調査を開始（アクティブ試験開始（予定）年度から実施することとしている項目）。

＊7：外部被曝の対象外であり、内部被曝においても人が直接摂取しないため、線量として算出しない測定項目。

なぜ六ヶ所再処理工場がこんなに大量の放射能を環境に放出できるのかといえば、原発と同じ規制がかけられていないためだ。液体の廃棄物については、日本中の原発は排水口等で定められた濃度限度を超えないように規制されている。そのために放射能を含んだ廃液は大量の温排水にまぜて排出されている。

しかし再処理工場ではトリチウムが全量排出されるなど、放出する放射能が多すぎるため、濃度限度を守ろうとすれば毎日一〇〇万トンもの水が必要になるが、こんな大量の水は用意できない。これでは再処理工場が操業できないため、国は濃度規制を設けずに大量の液体放射能を工場からそのまま排出することを認め、これらの放射能に起因する住民の被曝量が国の定める「線量限度」を超えなければよい、ということにしてしまった。国は、再処理工場の運転を許可するために法律をねじ曲げてしまったのである。完全なダブルスタンダードだ。

六ヶ所再処理工場の安全審査では、工場からの膨大な放出放射能が環境を汚染し、六ヶ所村の住民が汚染された物を食べ、汚染された大地や海で仕事をするとどのくらい被曝するかというシナリオが検討された。このシナリオでは海の汚染が強いために六ヶ所村の漁師さんが一番多く被曝するとされ、その被曝量は年間〇・〇二二ミリシーベルト（二二マイクロシーベルト）と評価された。

日本で生きる誰もが、自然放射線から平均で約一ミリシーベルトという被曝を受けている。そして日本人は原発の恩恵を受けているのだから、もう一ミリシーベルトの追加は我慢するべきだというのが「線量限度」だ。この「線量限度」一ミリシーベルトと比べて〇・〇二二ミリシーベルトは「十分に低い」から「安全」というのである。

たとえ事故が一度も起こらないとしても六ヶ所再処理工場は四〇年間の稼働を予定しているので、四〇年間毎日、放射能を出し続ける。では四〇年間の被曝量はどうなるのだろうか。驚くべきことに、国の安全審査では、放射能汚染の環境への蓄積や生態系での濃縮はまったく考慮されていない。最初の放射能放出しか考えていないのだ。

環境中の放射能が生体濃縮されることは科学の常識である。イギリス、フランスの再処理工場周辺環境の放射能汚染の問題については、たくさん報告されている。ところが、六ヶ所再処理工場の安全審査では、このような実態は何ら考慮されていない。どうしてこれで「安全」などといえるのだろうか。

被曝量は仮定と推定の結果

六ヶ所再処理工場の放出放射能による周辺住民の被曝量の計算（線量評価）は、事業許可申請書によれば、おおむね以下のように行なわれた。

①六ヶ所再処理工場が取り扱う使用済み燃料の濃縮度、燃焼度などの来歴と量を推定し、工場が一年間に扱う放射能量を推定。
②扱う放射能のうち、環境に放出する放射能の種類と量を推定。フィルタなどで捕捉できる割合を推定するため、放射性物質の廃ガスへの移行率、除染する放射性物質の低減率は放射性核種ごとに評価。
③大気中と海洋での放射能の拡散を厖大な仮定を入れて推定し、放射能の大気中、海中での濃度を推定。
④拡散・希釈した放射能の生物への沈着・付着速度、濃縮係数等を仮定し、地面への沈着、生物に濃縮する値を推定。
⑤呼吸量や食物摂取量を仮定し、住民の被曝の態様や人体への摂取を仮定して被曝量を計算。
⑥線量換算係数によって、被曝量を評価。身体に取り込まれた放射能が排出されるスピードなどを仮定して計算。
⑦リスク換算係数を仮定し、実際の被曝がどのくらいになるか、影響評価。

「〇・〇二二ミリシーベルト」と言っても、その中身は膨大な仮定と推計を重ねた計算・評価の結果でしかない。計算途中の係数や推定、仮定の数値を少し変えれば、つまり「さじ加減」でどのようにもなる「計算」にしか過ぎないのだ。

たとえば評価に使用された係数の一つに、海水から海藻へのヨウ素の濃縮係数がある。海中に放出されたヨウ素は、海水から海藻、魚へと濃縮されてゆく。原発の線量評価では、海水から海藻へのヨウ素の濃縮係数は「四〇〇〇」を使うことが原子力安全委員会によって定められていて、全国の原発の線量評価に使用されている。

ところが六ヶ所再処理工場の線量評価では、日本原燃は身内の書いた論文を根拠にして、「二〇〇〇」という数値を採用し、国もそれを認めている。ヨウ素を大量に放出する再処理工場の被曝評価で、海水から海藻へ移るヨウ素を半分に値切ってしまったのだ。こんないい加減なやり方で、被曝量は計算されている。

四つの線量評価

このような線量評価の「さじ加減」を示す例は他にもある。

日本原燃が今日まで計算した線量評価は、一九八九年三月の事業許可申請時のほか、九六年四月、二〇〇一年七月、同年一二月の補正と、実は四種類もある。「エ！」と誰もが驚くだろう。安全審査の途中で、申請書の補正が何度も日本原燃から国に提出され、その過程で被曝評価を三度も変更し、最後の四回目の被曝評価によって許可されている。図Ⅱ-2は、その四回分をまとめたものだ。

日本原燃や国が盛んに宣伝している線量評価の値は、「二二」、「二〇」、「二二」(マイクロシーベルト／年)と変更されてきた。九六年の「二〇」を除けば、数字上は一見変わらないように見える。が、実は被曝評価の内容は補正のたびに全く違うのである。

六ヶ所再処理工場の線量評価の「さじ加減」を象徴するのは、九六年の値だ。日本原燃は住民の被曝量を計算によって「二二」から「二〇」にいとも簡単に減らせることを証明してみせた。コンピューターの計算条件を変えただけなのだ。ところが低い値に抑えておくのはまずいと考えたのか、八九年の「二二」と違うのはどうかと考えたのか、〇一年には「二二」に戻している。

ところがこの〇一年の「二二」は、八九年の最初の「二二」とは被曝の内容がまったく違っている。たとえば、放射能雲からの外部被曝は一七・七パーセントから二八・二パーセントへと被曝量への寄与が増加している。いっぽう、地表沈着による外部被曝は一三・二パーセントから四・〇パーセントへ激減している。放出放射能が線量評価に与える影響は、デタラメと言えるほど違うのである。

もちろん〇一年七月の「二二」と同年一二月の「二二」の内容にも若干の違いがある。四つの被曝評価とも内容はバラバラなのである。これでは、いったいどれがほんとうの被曝

図Ⅱ-2　４つの線量評価
再処理工場からの放射能放出による平常時の被曝（実効線量）

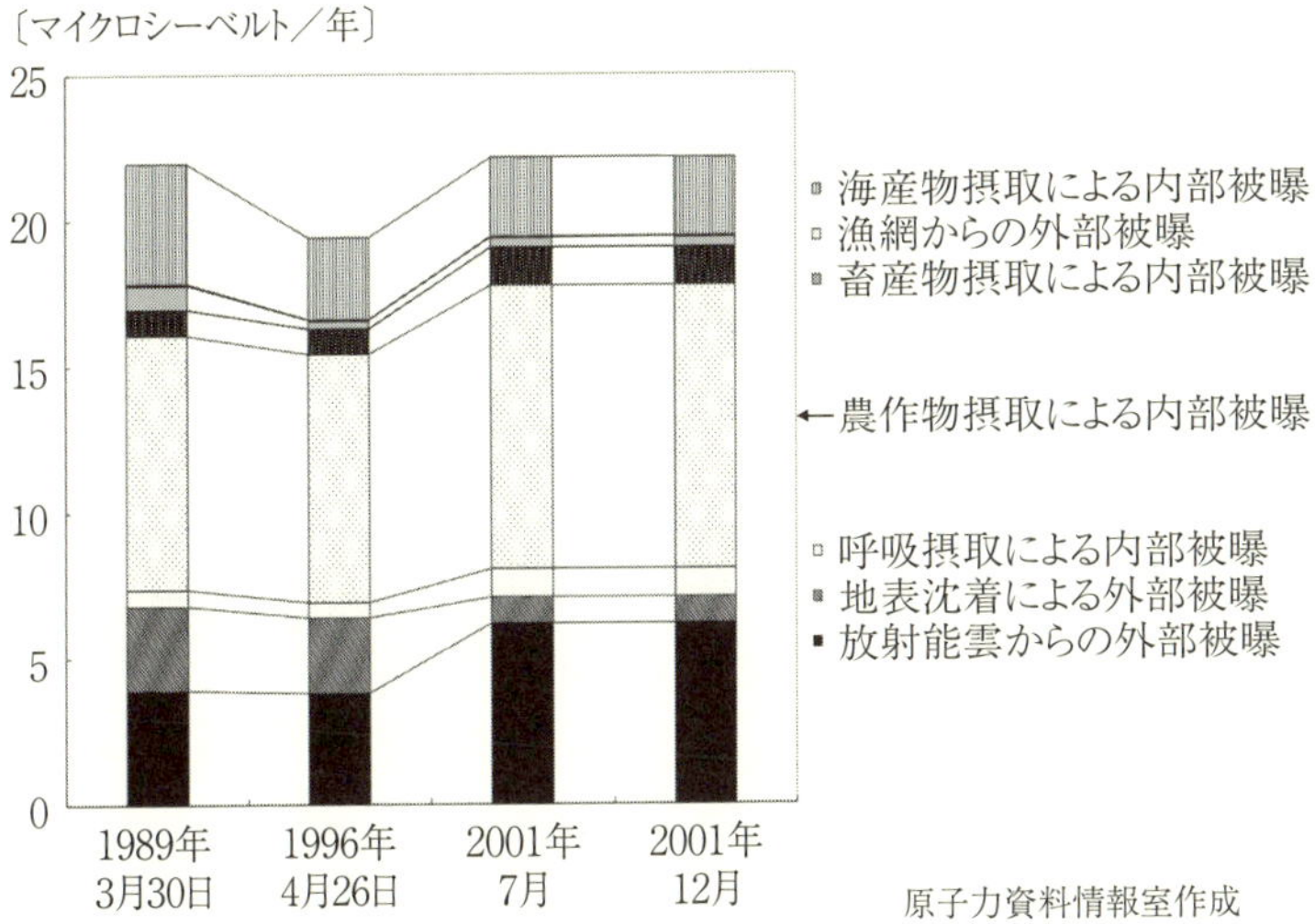

原子力資料情報室作成

評価なのか、誰の目にも奇異に映るのは当然だ。

しかしこれは日本原燃が単に数字をいじくり回していたために生じたことではない。最大の問題は、どうして内容の違う三回の被曝評価がいつもピタリと「二二」という数値になるのかということだ。このような一致は科学的常識ではありえない。これは明らかに最初に「二二」という数値が前提されていて、そこに「さじ加減」を駆使してコンピューターに計算させ線量評価値を合わせたに過ぎない、と理解すれば簡単に合点がいく。六ヶ所再処理工場の四つの線量評価は、「二二マイクロシーベルト／年ありき」の辻褄あわせに過ぎない。このような数値は、実際の環境汚染や住民の被曝を反映するものではない。

環境の汚染が始まっている

六ヶ所再処理工場周辺では、日本原燃と青森県が環境モニタリングを実施している。その報告は、青森県や日本原燃、原子力安全委員会のホームページ等で紹介されている。実際の使用済み燃料を使用したアクティブ試験が二〇〇六年三月末日に開始され、アクティブ試験の影響が確認されている。

二〇〇六年一〇月、六ケ所村周辺の空間放射線で、再処理工場の風下に位置していた六ケ所村室《むろ》ノ久保地区と尾駮《おぶち》地区のクリプトンの影響と考えられる気体状ベータ放射能の濃度が、平常の変動幅を上回った。また〇七年三月に尾駮モニタリングステーションで検出されたトリチウムの値では、一部の測定値が上昇していることが報告されている。

六ヶ所再処理工場放出放射能測定グループ（古川路明代表）は、二〇〇四年から工場周辺で、陸上の松葉と海岸の海砂のガンマ線測定を開始している。さらに〇七年からは、トリチウムを測定している（測定は、京都大学原子炉実験所の小出裕章さん）。

トリチウムは水素の同位体で環境に放出されれば水としてふるまうので、六ヶ所再処理工場が放出する気体状のトリチウムを空気中の水分を捕集することによって把握できる。〇

図Ⅱ-3　各試料トリチウム計数率

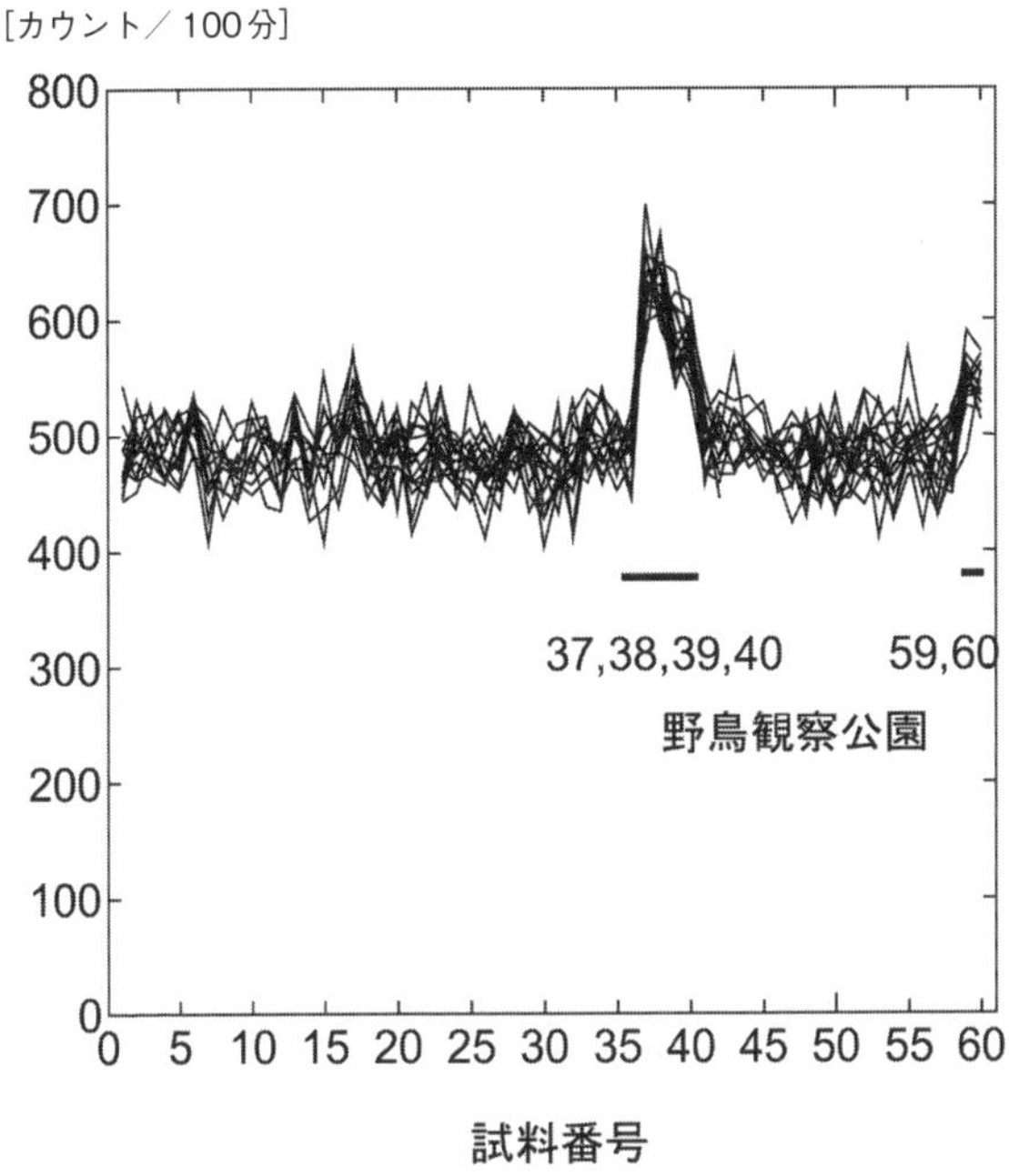

八年九月に採取した合計六〇個の試料を分析した結果、九月二七、二八日に尾駮沼の東に位置する野鳥観察公園で採取した試料で、明らかに高い計数値を観測した(図Ⅱ-3)。

これらの計測値は、標準偏差の三倍をはるかに超えており、異常なトリチウム濃度になっていた。九月二七、二八日、六ヶ所再処理工場では使用済み燃料の剪断中であり、また風向も西から西北西と、ちょうど野鳥観察公園が主排気筒の風下に当たっていた。これらの調査結果は、空気中トリチウムの異常値が再処理工場の寄与である可能性を明らかに示している。

2 海外の再処理工場の実態

日本の電力会社は、原発の運転開始当初から、発生する使用済み燃料をイギリスのセラフィールド再処理工場とフランスのラ・アーグ再処理工場に海上輸送し、プルトニウムの分離を行なってきた。全体の契約量は約七一〇〇トンで再処理はすべて終了し、二〇〇八年末現在イギリスに約一一・四トン、フランスに約一三・八トン（核分裂性プルトニウムの量）のプルトニウムが貯蔵されている。

これらの再処理工場も、六ヶ所再処理工場と同様に放射能を環境中に放出することなしには運転できない。英仏の大規模再処理工場周辺のすさまじい放射能汚染の実態を紹介する。

北西大西洋の放射能汚染

北西大西洋の海洋汚染防止に関するオスロ・パリ条約締約国会議（ＯＳＰＡＲ）には一五

カ国が加盟し、海洋の放射能汚染防止を目的に「報告書」や「勧告」を出している。二〇〇三年の報告書によれば、加盟国の核施設から太平洋に放出された液体の放射性廃棄物のほとんどが、セラフィールドやラ・アーグの再処理工場から放出されている。たとえば二〇〇一年の実績では、アルファ放射能四一〇〇億ベクレルの五九・九パーセント、トリチウム一京五七五九兆ベクレルの七七・五パーセント、ベータ放射能二三一兆ベクレルの六一・二パーセントが、両再処理工場から放出されている。汚染は北極海まで広がっていて、再処理工場からの放射能放出は明らかに桁違いに大きいことがわかる（表Ⅱ-4）。

このような広範囲の放射能汚染にはヨーロッパ中からの批判が相次ぎ、最近の放出量は低減傾向にあるが、それでも異常な汚染状況である。ＯＳＰＡＲ委員会は、両再処理工場に対し放射能放出量を将来的にはゼロに近い値まで下げることを勧告しているが、イギリス政府、フランス政府とも無視している状態だ。また、セラフィールド再処理工場とアイリッシュ海を挟んだ対岸に位置するアイルランドでは、政府も議会もセラフィールド閉鎖の要請を再三再四、イギリス政府に行なっている。

イギリス、フランス両国とも核兵器所有国であり、また、複数の再処理工場が存在するなど、日本の六ヶ所再処理工場と条件が違うことは考慮しなければならないだろう。しかしいっぽう、六ヶ所再処理工場で処理される使用済み燃料は、燃焼度が高く原発内で長く、よ

表Ⅱ-4　原子力施設からの液体放射能放出量

単位：兆ベクレル（カッコ内は施設計に対する割合％）

	1989	1990	1991	1992	1993	1994	1995	1996	1997	1998	1999	2000	2001
全アルファ 施設計	3.14	2.43	2.43	1.83	2.88	1.36	0.68	0.57	0.38	0.43	0.42	0.33	0.41
再処理工場	2.7 (86.0)	2.2 (90.6)	2.2 (90.6)	1.7 (93.0)	2.7 (93.7)	1.1 (80.9)	0.47 (69.1)	0.32 (56.1)	0.23 (60.5)	0.22 (51.2)	0.17 (41.6)	0.16 (47.7)	0.25 (59.9)
原発	- -	- -	- -	- -	- -	- -	- -	- -	- -	- -	- -	- -	- -
核燃料工場	0.41 (13.1)	0.21 (8.6)	0.15 (6.2)	0.10 (5.4)	0.08 (2.8)	0.16 (11.8)	0.12 (17.6)	0.12 (21.1)	0.12 (31.6)	0.20 (46.5)	0.24 (57.7)	0.17 (51.7)	0.16 (39.7)
研究開発施設	0.03 (0.9)	0.02 (0.8)	0.03 (1.2)	0.03 (1.6)	0.1 (3.5)	0.1 (7.3)	0.09 (13.3)	0.13 (22.8)	0.03 (7.9)	0.01 (2.3)	0.003 (0.7)	0.0019 (0.6)	0.0016 (0.4)
トリチウム 施設計	8036	7224	8797	7658	10902	12931	15040	16779	17991	16240	18871	16548	15759
再処理工場	5814 (72.4)	4959 (68.6)	6513 (74.0)	4969 (64.9)	7460 (68.4)	9770 (75.6)	12310 (81.9)	13500 (80.5)	14500 (80.6)	12800 (78.8)	15420 (82.1)	13300 (80.4)	12221 (77.5)
原発	2161 (26.9)	2164 (30.0)	2252 (25.6)	2665 (34.8)	3354 (30.8)	3044 (23.3)	2713 (18.0)	3264 (19.5)	3440 (19.1)	3430 (21.1)	3335 (17.8)	3241 (19.6)	3543 (22.5)
核燃料工場	- -	- -	- -	- -	- -	- -	- -	- -	- -	- -	- -	- -	- -

	研究開発施設	61 (0.7)	101 (1.4)	32 (0.4)	23.7 (0.3)	87.9 (0.8)	117.5 (0.9)	16.7 (0.1)	15 (0.1)	16 (0.1)	14 (0.1)	16 (0.1)	7 (0.04)	5.8 (0.04)
トリチウムを除く全ベータ施設計		930	491	227	269	252	321	365	332	315	265	256	173	231
	再処理工場	690 (74.2)	384 (78.3)	178 (78.4)	134 (49.8)	170 (67.4)	195 (60.8)	243 (66.5)	169 (50.9)	167 (53.0)	112 (42.4)	126 (49.1)	98 (57.5)	141 (61.2)
	原発	7.6 (0.8)	10.3 (2.1)	3.8 (1.7)	8.8 (3.3)	11.1 (4.4)	2.8 (0.9)	3.4 (0.9)	5.2 (1.6)	7.4 (2.3)	2.0 (0.8)	2.0 (0.7)	3.0 (1.7)	4.2 (1.8)
	核燃料工場	114 (12.2)	92 (18.7)	38.9 (17.1)	120 (44.6)	63 (25.0)	114 (35.5)	112 (30.7)	150 (45.1)	140 (44.1)	150 (56.6)	128 (50.0)	71 (41.6)	85 (36.8)
	研究開発施設	119 (12.8)	4.5 (0.9)	6.3 (2.8)	6.6 (2.4)	8.2 (3.2)	9.1 (2.8)	7.0 (1.9)	8.1 (2.4)	1.0 (0.3)	0.66 (0.2)	0.36 (0.1)	0.30 (0.2)	0.46 (0.2)

OSPAR2003年報告書より

く燃されたものであり、含まれる核分裂生成物の量が多く、再処理がより困難になるし、廃棄物の発生量・放出量も増えることになる。

　英仏の再処理工場周辺の環境汚染の実態は、六ヶ所再処理工場の安全性を考える時、決して見過ごすことはできないし、六ヶ所再処理工場の将来を示唆していると考えるべきだろう。

セラフィールド再処理工場（イギリス）

イギリスには、アイリッシュ海に面したカンブリア地方にセラフィールドという巨大な核センターがある。カンブリアは湖水地方と呼ばれ、イギリスでも風光明媚な観光地でもあり、ピーターラビットの活躍した舞台である。この地に一九五二年からイギリスの核兵器製造の中心的施設としてプルトニウム生産炉やＢ２０４（一九五二～六四年）、Ｂ２０５（一九六四～）、ＴＨＯＲＰ（一九九四年～）という三つの再処理工場が運転されてきた。

　元々この地域の名前がセラフィールドだったが、核センターはウインズケールと名づけられた。ところが五七年にＢ２０４工場で大量の放射能が環境へ放出される大規模な汚染事故を起こしたのをはじめ、大小の事故や汚染がつづいた。汚染施設のイメージをぬぐい去るためイギリス政府は八一年、施設の名称をセラフィールドに変更している。

地元では知られてきたセラフィールド再処理工場周辺での白血病やガンの多発について、最初に報じたのは、「ウインズケール・核の洗濯工場」という地元テレビ局のドキュメンタリー番組だ。工場敷地から三キロメートルにあるシースケール村では、一九五六〜八三年の間にイングランド平均の一〇倍の小児白血病が発症していることを報じた。シースケール村は人口約二〇〇〇人で、再処理工場の労働者が多く暮らしている。

この報道に対し英国保健省は、ブラック卿を委員長とする専門委員会に調査を命じた。八四年に公表された報告書では、「村での子供の白血病発生率は明らかに大きいが、セラフィールドからの放射能が白血病の原因とは考えられない」というものであった。

ガードナー論文

ブラック委員会のメンバーであったサザンプトン大学のガードナーらは、一九九〇年二月、イギリスの医学雑誌『ブリテッシュ・メディカル・ジャーナル』に新たな調査結果を発表した（表Ⅱ-5）。調査対象は、一九五〇〜八五年までに西カンブリア地方で二五歳までに小児白血病を発症した症例だ。白血病の原因として推測されたのは、「生まれた場所のセラフィールドからの距離」、「妊娠時に父親が再処理工場で働いていたかどうか」ということだった。

その結論は、「父親が子供をもうける前に放射線を一〇〇ミリシーベルト以上被曝すると、生まれた子供の白血病発症率が一般人の約六倍に増加する」というものだ。さらに「母親が妊娠する前の六カ月間における父親の被曝に限れば、わずか一〇ミリシーベルトでも大きな影響がある」ことがわかった。

COREの報告

イギリスの住民グループ「CORE《コア》（環境の放射能汚染に反対するカンブリア市民の会）」は一九八〇年に設立され、使用済み燃料などの輸送港であるバローに事務所を設置し、セラフィールド工場の放射能汚染の測定・監視活動を行なっている。その大きな理由は、工場稼働以来、英国政府や工場側が周辺の環境や住民に対する放射線モニタリングをきちんと行なっていなかったためだ。COREの調査報告から最近のセラフィールドの状況を紹介する。

セラフィールドの過去の放射能は、英国のほとんどの海岸線で検出することができる状態だ。しかし英国環境局によれば、「二〇〇〇年代に入ってセラフィールドから放出される放射能は一九七〇年代に比べて一〇〇分の一以下に減っている」と報告されている。

図Ⅱ - 5の上段は、一九七八～二〇〇三年までのセラフィールドからの液体放射能（プルトニウムとアメリシウム）の放出量を示している英国環境局の資料である。なるほど明らかに

表Ⅱ-5　セラフィールドでの父親の被曝と小児がんとの関連

父親の被曝線量	白血病（数）		相対リスク
	症例	対照	
総数	46	288	
受胎前総線量			
1～49mSv	3	19	1.12
50～99mSv	1	11	0.69
100mSv以上	4	5	6.24*
受胎6カ月前線量			
1～4mSv	3	18	1.30
5～9mSv	1	3	3.54
10mSv以上	4	5	7.17*

＊有意差あり。　mSv＝ミリシーベルト

七〇年代の異常な放出量からは低減傾向を示している。それでは汚染の状況は同じように低減しているのかというと状況は全く逆だ。

下段に示すように、二〇〇〇～〇四年のセラフィールドの海産物の汚染状態を見ると、汚染量全体が増大しており、さらにプルトニウムとアメリシウムの汚染への寄与も明らかに増加している。これは、セラフィールド再処理工場の放出放射能が海岸全体を汚染したまま環境に蓄積していることが原因だ。たとえ最近の放出量が減ったとしても、いままでに放出された放射能による汚染は蓄積し増加していくだけなのである。

いちど環境に放たれたプルトニウムはわずかな時間で消えることはないし、人間が消すこともできない。五二～九〇年までにセラフィールドから海洋に放出されたプルトニウムの総量は、英国放射線防護局の資料によれば約六一〇兆ベクレルで、重さにすると約二七キログラム、これは長崎原爆約四個分のプルトニウムに相当するというとんでもない量だ。

今日、セラフィールド再処理工場周辺の海岸の海砂からは、一キログラムあたりセシウム‐一三七が二万五〇〇〇ベクレル、アメリシウム‐二四一が二万二〇〇〇ベクレル、そしてプルトニウムが一万五〇〇〇ベクレル測定されている。海岸全体が放射能汚染地となっているのである。このような汚染が、さまざまな経路を経て人体へと移行している。

子供の乳歯のプルトニウムを測定した調査結果によれば、セラフィールド再処理工場周辺では、ロンドンの九倍という調査結果が出ている。プルトニウムは体内に取り込まれると、骨、歯に蓄積するのである。

ラ・アーグ再処理工場（フランス）

フランスの北西部ノルマンディー地方、コタンタン半島の先端に位置するラ・アーグでは、UP‐2（一九六六年〜）とUP‐3（九〇年〜）の二つの再処理工場が、アレバ社によって運転されている。UP‐3工場は六ヶ所再処理工場の設計モデルとなった工場だ。

このラ・アーグ再処理工場周辺で行なわれた小児白血病の発症率に関する確度の高い調査報告が、一九九五年の『スタティスティクス・イン・メディスン』誌に発表された。

図Ⅱ-5　海洋放出放射能の影響

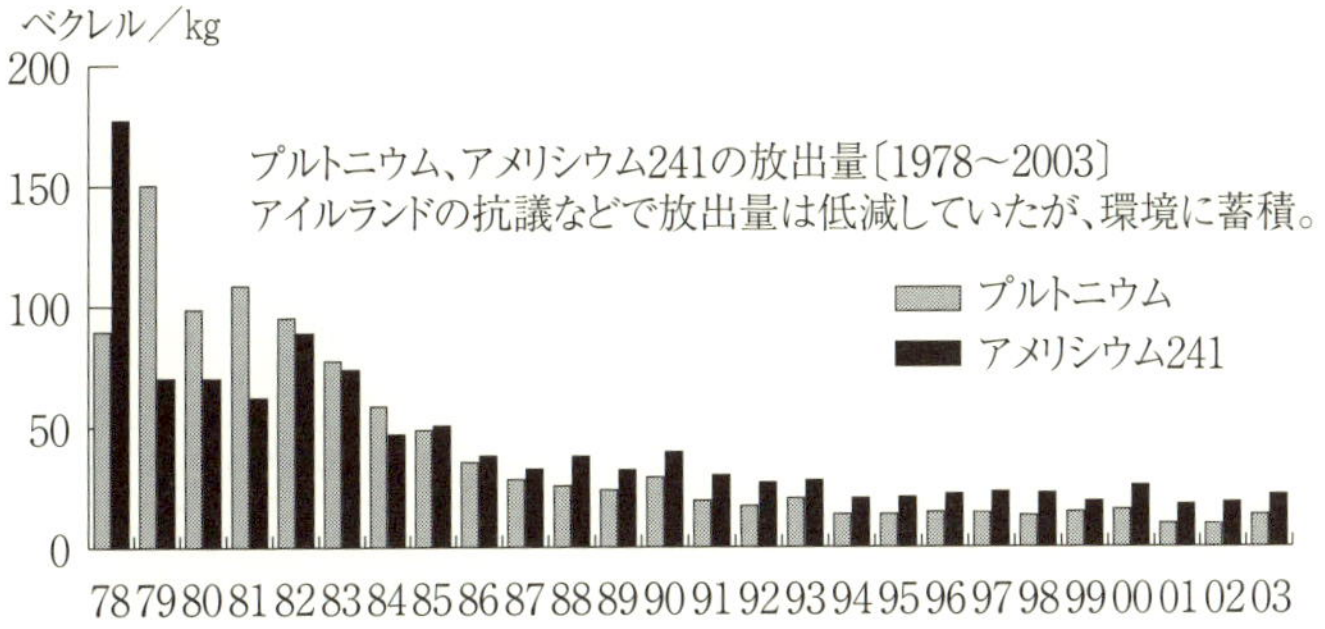

放出量が減っても、被曝量は減らない。
自然界の汚染は半永久的。

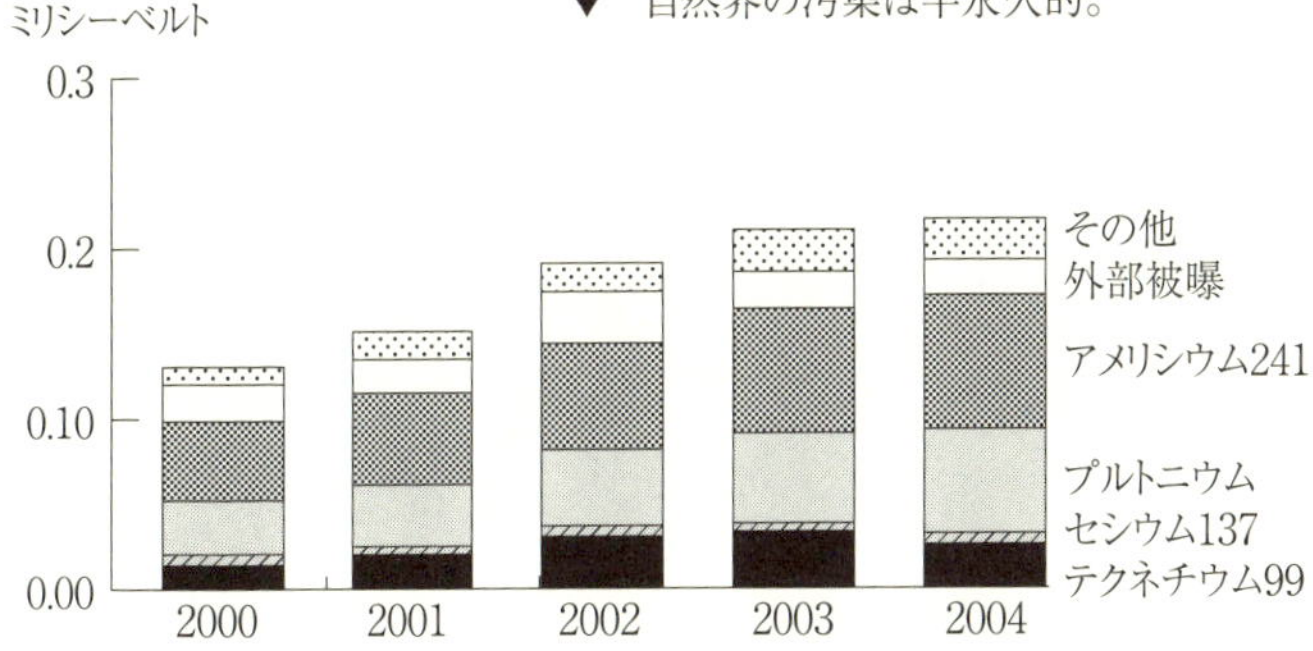

セラフィールドの海産物摂取による被曝の内訳〔2000～2004〕

調査はフランスのブザンソン大学のヴィエル教授他二名の学者らが行なったもので、七八~九二年のデータを用い、工場から一〇、二〇、三五キロの三つのゾーンごとに〇~二四歳までの小児白血病の発症率を分析した。その結果、工場から一〇キロメートル圏で暮らす子供の小児白血病発症率は、フランス全国平均の約二・八倍に達するというものだった(図Ⅱ-6)。

その後分析がさらに続けられ、この高率の発症率は、工場周辺の海岸で頻繁に遊んだり、地元で採れた魚介類を比較的多く食べた子供に確認されている。教授らは、「工場から排出される放射能が海水や海砂、海底などを汚染し、汚染された砂浜で遊んだり汚染された食物を食べることによって子供たちが被曝した可能性を強く示唆する」と報告している。

ラ・アーグでは二つの再処理工場が稼働しているが、今までに大事故が報告されたことはない。調査結果が示すことは、再処理工場はたとえ環境へ放射能を放出するような大事故を起こさなくても、通常運転による放射能放出によって、工場周辺に広範囲で高濃度の放射能汚染を広げるという事実である。

この調査結果は、フランス国内だけでなくヨーロッパや日本でも大きな驚きをもって迎えられた。というのも、核兵器製造にかかわるラ・アーグ再処理工場の環境汚染の実態を伝える情報は非常に少なかったからだ。これはイギリスと同様、再処理工場が軍事技術である

図Ⅱ-6　ラ・アーグ再処理工場周辺の小児白血病発症率

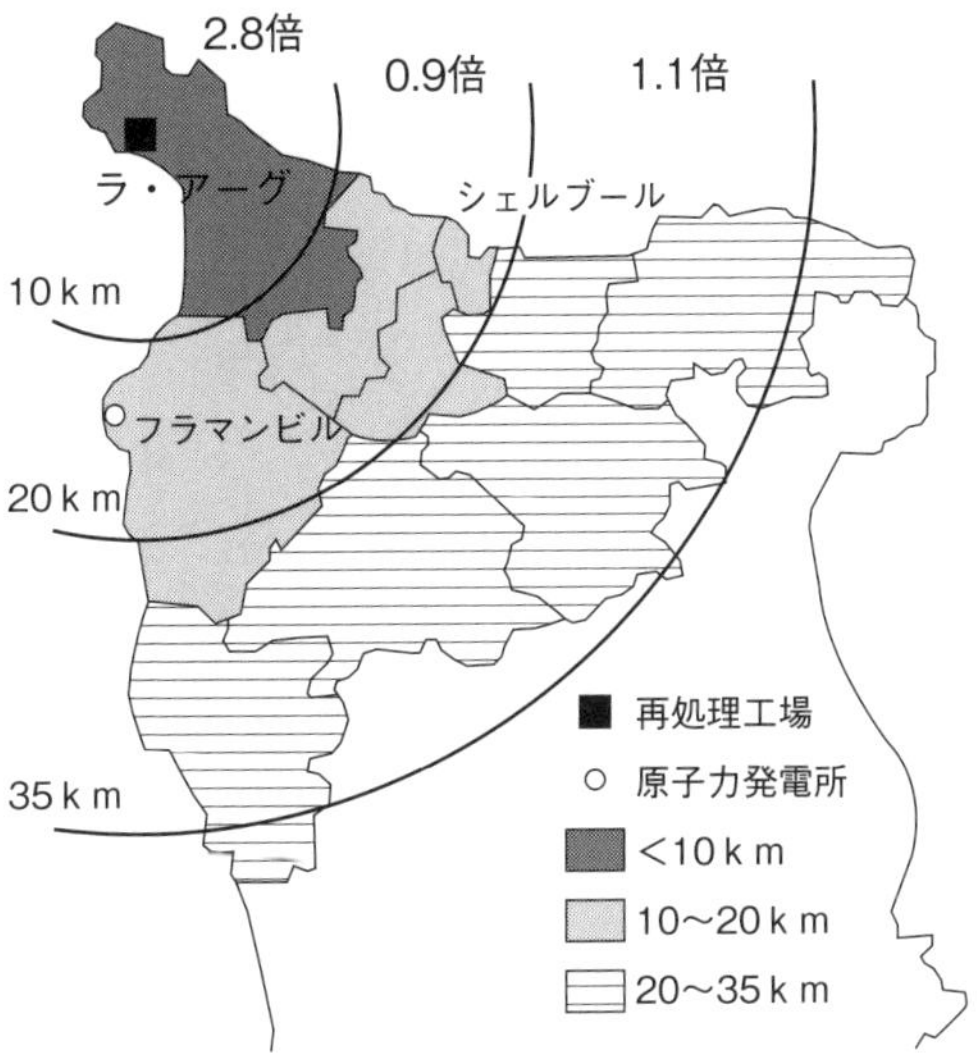

■フランス：ラ・アーグ再処理工場周辺地域
仏・ヴィエル教授の疫学調査（1995）
調査地域：工場周辺10、20、35キロ
調査対象：1978～1992年の0～24歳までの小児白血病（観察病例数25）

■工場から10キロ以内の地域
フランス平均の2.8倍の発症率

ことが大きく影響しているのだろう。

ACROの測定活動

フランスにも、再処理工場の汚染の測定活動をする非政府組織ACRO《アクロ》がある。一九八六年のチェルノブイリ原発事故時の「政府が正確な情報を公表しない」という市民の声を契機として結成された。市民自身の測定によって信頼できる情報を得ることを目的としており、原子力発電に対して中立的立場の団体として活動している。再処理工場から約一〇〇キロメートルのカーン市にラボ（測定室）があり、産業廃棄物、医療廃液、ラドン調査などの委託測定も行なっている。測定データの信頼性が評価され、ACROは北コタンタン放射線生体グループ、国際放射線防護委員会などの公的機関の作業グループにも参加している。

ラ・アーグ再処理工場の放出放射能について、ACROの測定データを紹介する。ヨウ素-一二九の放出について、一九九四〜九九年のデータを示したのが図Ⅱ-7である。気体廃棄物（折れ線グラフ）は減少傾向を示しているが、液体廃棄物（棒グラフ）はほぼ二倍に増加し、全体量としては増加している。もちろん除去技術があるが、放射能をどのような形態で放出するかは工場側が工程を操作・選択しているようだ。全量放出されるトリチウムも、気体性のものは微増傾向だが、廃液としては一・六倍に増加している（図Ⅱ-8）。

図Ⅱ-7　ラ・アーグ再処理工場からのヨウ素129放出

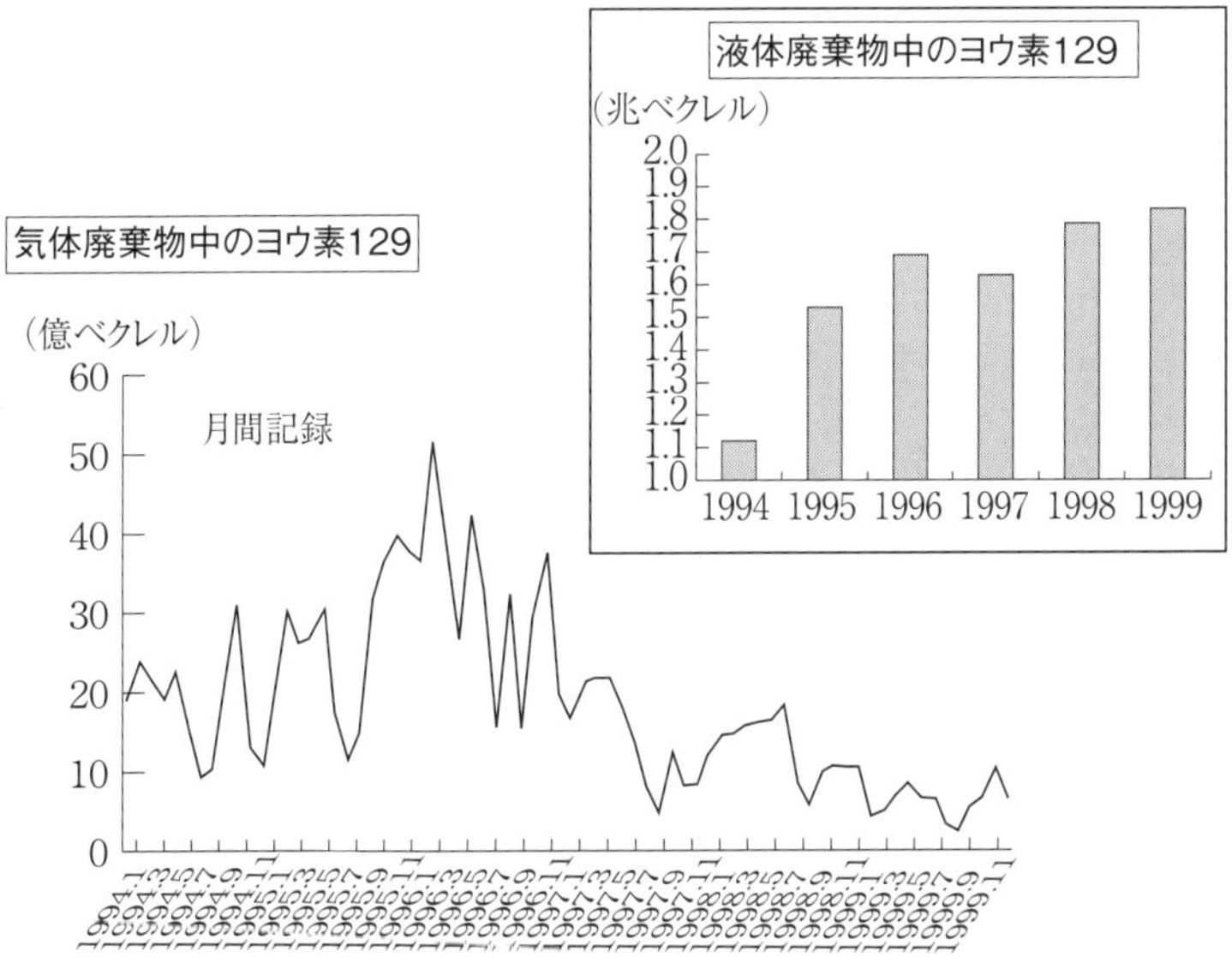

図Ⅱ-8　ラ・アーグ再処理工場からのトリチウム放出

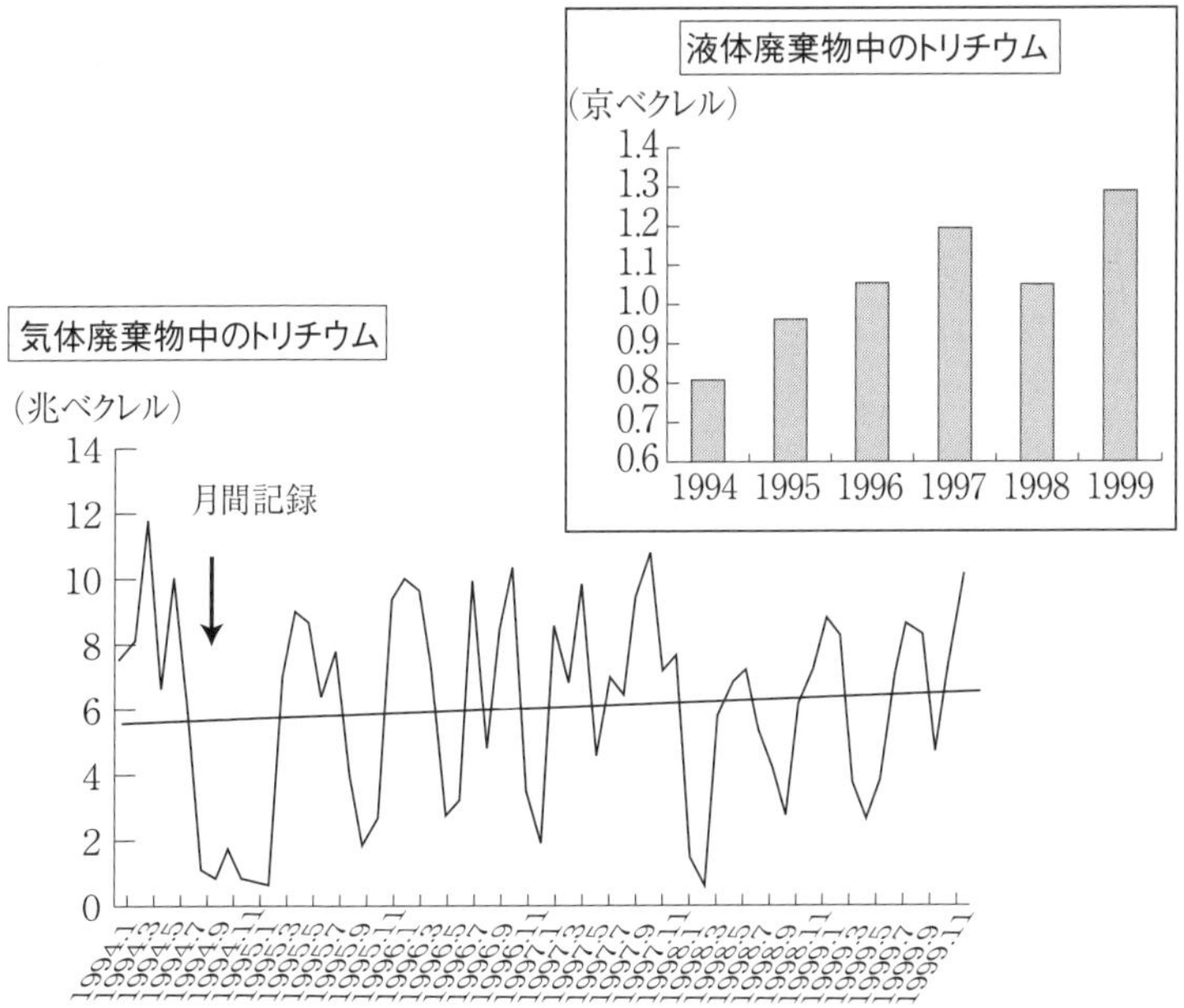

ラ・アーグ再処理工場のすさまじい環境汚染の実情を警告するヴィエル教授からは、六ヶ所再処理工場の環境汚染を危惧する書簡が青森県に寄せられた。青森の住民団体からの要請によって、一九九九年から国と青森県が、六ヶ所再処理工場の環境や人体への影響を見るため、「青森県小児がん等がん調査事業」を開始している。

3　六ヶ所再処理工場の現状

二〇〇六年三月末に開始された六ヶ所再処理工場のアクティブ試験で、環境への放射能放出が始まった。開始直後の五〜六月には下請け労働者二名がプルトニウムの体内被曝をする事故が発生した。他方、燃料プールのチャンネルボックス切断装置の設計ミスが、元請けの日立とその子会社によって一一年間も隠されていたことが発覚するなど、多くの事故・トラブルに見舞われ、竣工の延期が続いている。その中でも最悪の事故は、ガラス固化製造建屋での高レベル放射性廃液漏洩事故だ。

高レベル放射性廃液

再処理工場の分離工程でウラン・プルトニウムと分離された核分裂生成物は、廃液の状態でタンクに貯蔵された後、ガラスと混ぜて固化体が製造されることになっている。使用済み燃料中の九九パーセントの放射能が入った高レベル放射性廃液は、含まれる放射能の崩壊による非常に強い発熱のために常時冷却し、強力な放射線を遮蔽しなければならない。また、貯槽内で放射線の影響によって発生する水素や気化するヨウ素などの気体性放射能を常に除去しなければ、貯蔵タンクが爆発事故を起こす可能性もある。貯蔵しておくことだけでも、難しい廃液である。

そのため取り扱い、さらに貯蔵、輸送、そして最終処分のためにも固形化する方法が検討されてきた。コンクリートなどさまざまな物質が試されたが、けっきょく扱いやすく比較的熱に強い、容易に入手できるなどの理由から、ガラスと混ぜる方法が採用された。ほう珪酸ガラスといって、ビーカーや食器に利用されている耐熱ガラスである。

ラ・アーグ再処理工場では一九八〇年四月、停電によって高レベル放射性廃液貯槽の冷却機能が故障する事故が発生し、廃液の温度が沸騰寸前まで上昇した。この時は、近郊のシェルブールの軍事基地にあった発電機を持ち込んで冷却機能を回復させ大事には至っていないが、再処理工場の危険性を典型的に示す事故である。

六ヶ所工場では、年間八〇〇トンの処理量に対し、約一〇〇〇本のガラス固化体を製造することになっている。ガラス固化建屋には、東海再処理工場から技術移転されたガラス溶

図Ⅱ-9　高レベル廃液ガラス固化設備の概要図（ガラス溶融炉概要図）

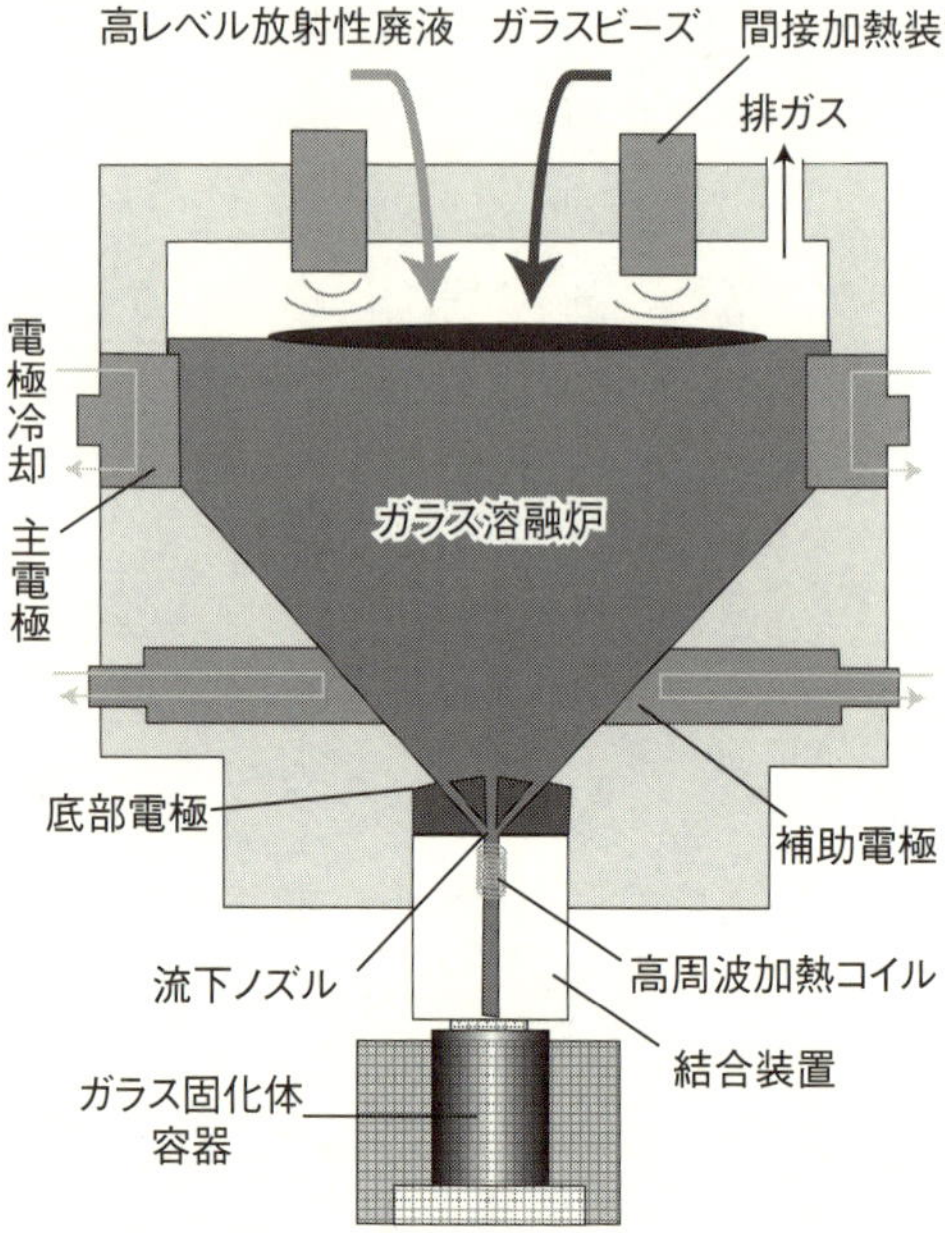

ガラス溶融炉の運転方法

1）溶融ガラスを流下させる時：電極間に電流を流してガラスを溶かし（約1100～1200℃）、硫化ノズルも過熱して溶けたガラス（溶解ガラス）をステンレルキャニスターに流下させる。

2）流下を止める時：流下ノズルのコイルに冷却空気を吹きかけ、ノズルの中の溶解ガラスを冷やし固めて、流下を止める。

日本原子力研究開発機構資料より

融炉が二基、設置されている。溶融炉は、三メートル×三メートル×三メートルという大きさで、ガラス固化体一一本分の容量を持っている。溶融炉内に設置された電極間に電流を流し発生するジュール熱でガラスを加熱する構造だ。

　もちろん、これらの設備は高レベル廃液の強力な放射線を遮蔽しなければならないので、設備は壁の厚さが最大約二メートルもあるコンクリートセル（小部屋）の中にあり、すべて遠隔操作でなければ作業が行なえない。

二〇〇六年一一月から始まったガラス固化製造試験は、溶融ガラスの流下速度（一時間あたり七〇リットル）や、溶融炉の運転性能を見るものだ。六ヶ所再処理工場では、図Ⅱ-9のような溶融炉に高レベルの放射性廃液と耐熱ガラス原料を投入し、一一〇〇度以上の高温で溶かして混ぜ、それを溶融炉の下に置かれたガラス固化体容器（ステンレスのキャニスター）に流下させ充填し、容器の蓋をして冷やして固める、という方法でガラス固化体が製造される。

これは東海再処理工場のガラス固化施設（TVF）で開発されたもので、東海の例では固化体重量の約四分の一が高レベル廃液である。六ヶ所再処理工場のガラス固化体の仕様は、公開されていない。

高レベル廃液一五〇リットルが漏洩

六ヶ所再処理工場の高レベルガラス固化体製造試験は、失敗の連続である。現在試験は、二基の溶融炉のうち、A溶融炉で行なわれている。溶融炉底部での白金族元素の堆積、低粘性流体の発生、攪拌棒による白金族対策が失敗し、溶融炉内で攪拌棒が曲がったまま取り出せない状態で、天井レンガも落下する事故・トラブルが続発した。この事故を復旧させるため、二〇〇八年一二月に高レベル廃液の配管をフランジで閉止した。

ところが〇九年一月九日以降、フランジ直下に設置されたトレイ、さらに固化セル床部に設置された漏洩液受け皿などで、「液位高」の警報が何回も発報、回復を繰り返した。運転員はその際カメラによって目視確認を行なったが、「高警報発報液位まで漏えい液が達していない」として、警報を無視していた。二一日になって初めて漏洩液受け皿の廃液を分析したところ、きわめて高い放射能値が確認され、初めて高レベル放射性廃液の漏洩であることが確認されたのである。

日本原燃によれば、高レベル廃液タンクから漏れた廃液の総量は約一四八リットルで、そのうち回収されたのは約一六リットル。他の高レベル廃液約一三二リットルについて、日本原燃は固化セル内で蒸発したとしている。これらの数値も、回収量一六リットル以外は、すべて計算値（推定値）である。

漏洩した高レベル廃液の分析値は、セシウム－一三七で平均一六億ベクレル／ミリリットル、一方、供給槽Aのセシウム－一三七は三・六億ベクレル／ミリリットル、濃度比は四・四で、これは漏洩した高レベル廃液が四倍以上に濃縮されていることを示している。

事故当時、高レベル配管での廃液の供給は行なわないが、排ガスのパージ（除去）のため低く加圧されていた。日本原燃は、何らかの理由でこの圧が高くなり廃液の供給が行なわれたと推定しているが、その後の調査でも原因は解明できていない。

大量の高レベル廃液の漏洩によって、硝酸、多種多様な放射能、金属類が蒸発し、セル内の溶融炉、機器類、配管等に付着したことは確実である。再処理工場では比較的高濃度の硝酸をさらに高温で使用するので、原子力施設の中でも腐食による事故・トラブルは後を断たない。機器類、配管の細部に放射能と硝酸ミストが入り込み、徐々に腐食が進行していくが、事故・トラブルが発生するまで分からない場合がほとんどである。

ガラス固化建屋では、すべての作業を行なうパワーマニピュレータ自体が故障するというトラブルも発生した。ガラス固化体製造技術は、まさに六ヶ所再処理工場で実験中であり、商業規模の工場を運転する段階ではないことが明らかになっている。

再処理は放射性廃棄物を減らす？

再処理の〝売り〟の一つに、廃棄物対策がある。電気事業連合会のホームページには、「プルサーマルを行うために使用済燃料を再処理する場合、再利用できるプルトニウムやウランと、使えない廃棄物に分別します。この分別により、廃棄物の量を約六〇パーセント削減できるメリットが生まれます」とある。使用済み燃料をいとも簡単に「分別」でき、「廃棄物を六〇パーセントも削減！」できるなどということは絶対にない。これは高レベル放射性廃棄物としての使用済み燃料とガラス固化体の体積を単に較べているだけの話だ。実際には使用済み燃料を再処理すると、同時に膨大な量の中・低レベルの放射性廃棄物が発生する。高レベル廃棄物だけの体積としては一見減るように見えるが、放射性廃棄物全体の量（体積）は増える、それも半端な増え方ではない。

六ヶ所再処理工場はいまだに本格稼働していないが、電気業連合会が示した資料がある。二〇〇三年一二月の総合資源エネルギー調査会電気事業分科会コスト等検討小委員会に提出された「サイクル事業から発生する廃棄物量」によると、約四〇年間で三・二万トンの再処理をした場合に発生する放射性廃棄物の物量は、もとの三・二万トンに対し約七倍となっている。この数値にはクリアランス（いわゆる「スソキリ」）される廃棄物が含まれておらず、これを含めれば約一六〇倍である（図Ⅱ-10）。しかもあくまで見込みで、実際にはこの数値では収まりそうにない。

廃棄物を考える時、忘れてならないのは、空や海へ日常的に捨てられてしまう膨大な量の気体廃棄物、液体廃棄物の存在だ。クリプトン、ヨウ素などの気体廃棄物、トリチウムなどの液体廃棄物は、工場の中では放射性廃棄物として扱われるのだが、「大気中に放出し大気で拡散」したり、「海洋中に放出し海水で希釈」したりするため、文字どおり環境中に放り出され投げ捨てられ、貯蔵されない。したがってこれらの放射性廃棄物は、廃棄物の計算

図Ⅱ-10　六ヶ所再処理工場で処理される使用済み燃料と廃棄物の量の比較
（40年運転・3.2万トン処理）

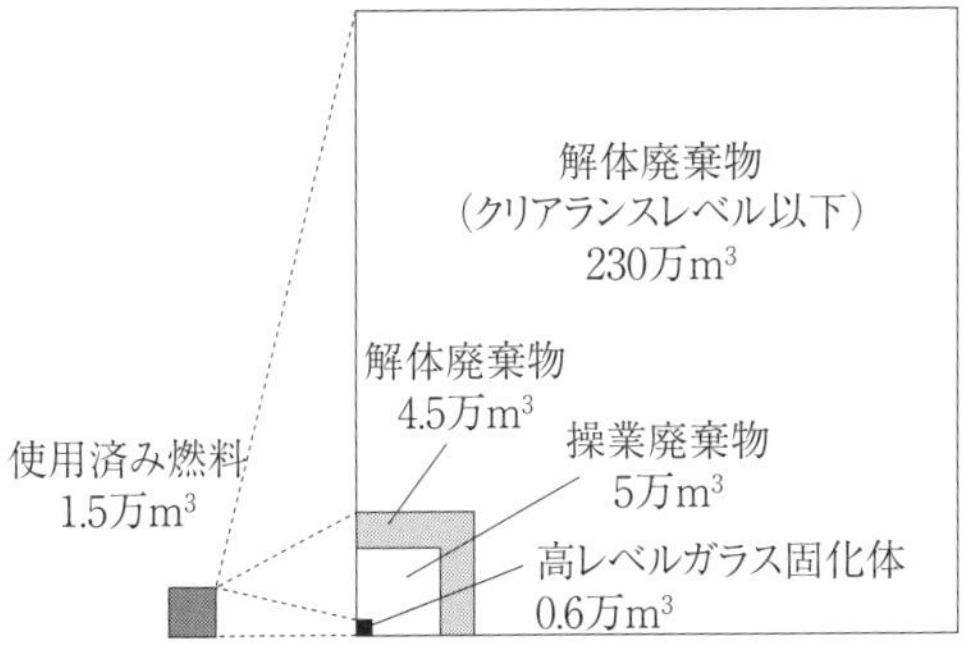

電気事業連合会の試算（総合資源エネルギー調査会電気事業分科会コスト等検討小委員会資料）をもとに作成。

にまったく含まれない。社会的に廃棄物の発生者責任については厳格な対応を要求されるのに、原子力の世界では「捨てちゃいました、どこかへ行ったかわかりません」で済まそうというのだ。

再処理を行なうのは本来プルトニウムを取り出すためで、決して廃棄物対策のために行なうわけではない。国や電力会社が再処理によって放射能というとんでもない廃棄物を環境に投げ捨て、なおかつ放射性廃棄物を増やしているのに、「廃棄物の量を約六〇パーセント削減できる」などと宣伝するのは、ほとんど国家的詐欺的行為である。

すでに放射性廃棄物の増加が始まった

六ヶ所再処理工場は四〇年間の操業を予定している。操業に伴って放射性廃棄物が順次発生するため、今後、ガラス固化体貯蔵建屋を四棟、回収ウラン（ウラン酸化物）貯蔵建屋を六棟、低レベル放射性廃棄物等の貯蔵建屋を八棟も増設する計画になっている。しかしこの想定は、工場の四〇年間の稼働中一度も大きな事故もトラブルもないという条件の下でなされたもので、まったく現実的ではなかった。

それを裏付けるように、すでに廃棄物があふれている施設が、二〇〇九年九月に明らかになった。使用済み燃料を貯蔵する燃料プール施設の中で、大量の低レベル放射性廃棄物がビニール袋などに入れられたまま、本来廃棄物を置くことなど認められない通路や床など、施設のあちらこちらに放置されていたのである（図Ⅱ-11）。向かって右上に燃料プールが三つ並んでおり、施設の地下一～三階でビニール袋入りの「放射性廃棄物」が、廊下、床、足場に平積みされたり鉄製のカゴ（パレット）などに入れられて放置されていたのだ。

六ヶ所再処理工場の燃料貯蔵プールは約三〇〇〇トンの容量をもち、工場本体に先立ち一九九九年一二月に操業を開始した。現在は約二七三〇トン（貯蔵率九一パーセント）の使用済み燃料を貯蔵中で、ほとんど満杯状態となっている。施設では、日常点検や年一回の定期検査などで、紙・布などの可燃物からゴム手袋・樹脂などの難燃物、鉄・コンクリート類の不燃物まで、あらゆる種類の低レベル放射性廃棄物が発生する。これら廃棄物は、工場本体が竣工するまでは第一低レベル廃棄物貯蔵建屋で保管する予定になっていた。

ところが、プールのステンレスライナー一九二カ所の不良溶接による大量漏洩事故（二〇

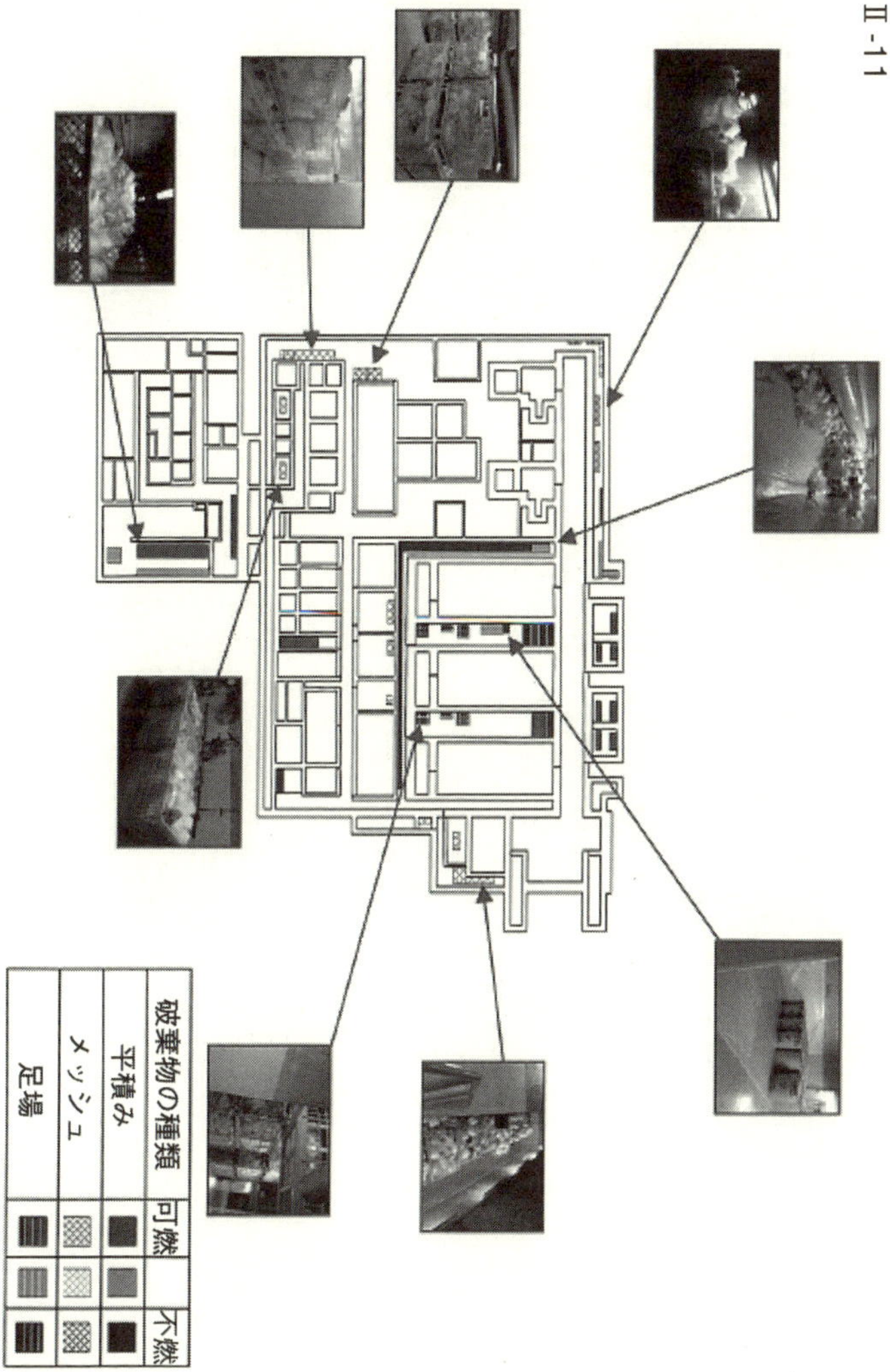

図Ⅱ-11

使用済み燃料受入れ・貯蔵施設（FA/FB）　地下2階における廃棄物の仮置き状況

〇二〜〇四年)、バーナブルポイズン取り扱いピット等の漏洩事故(〇六年)、燃料取り扱い装置等の耐震計算誤入力(〇七年)など多数の事故・トラブルが続発し、復旧、補修作業が続いた結果、「計画外の廃棄物」が大量に発生した。

そこで建屋の保管容量を当初の二〇〇リットルドラム缶換算で約八五〇〇本から一万三五〇〇本に増やしたが、この大量の「計画外廃棄物」を保管することができなかった。そこであふれた廃棄物を、使用済み燃料プール建屋の中の、床や通路に「仮置き」しているというのだ。その量は日本原燃によればドラム缶約八一〇〇本分もあり、事実上低レベル廃棄物貯蔵建屋一棟分である。

放射性廃棄物はきちんと梱包し、決められた場所に保管することが、法律で義務づけられている。そのため日本原燃はこれら放置されている「物」は放射性廃棄物ではなく、「使用済燃料によって汚染された物」の仮置きだと主張し国もそれを認めていたのである。

しかし「仮置き」状態はすでに八年間も継続し、「放射性個体廃棄物仮置き場所設置マニュアル」を制定し、「作業員が立ち入る場所は線量の低い廃棄物を仮置き」する被曝対策まで行なっていたというのだ。これは決して「仮の」扱いではない。日本原燃は、これらの「使用済燃料によって汚染された物の仮置き」は、工場の竣工が延期に延期を重ねたため、対策をとらなかったと言いわけしているが、これは明らかに法律違反だ。

アクティブ試験であふれる廃棄物

この「仮置き」を認めていた原子力安全・保安院が、二〇〇九年八月に突然改善を指示し、日本原燃は新たな廃棄物貯蔵建屋を建設してしのぐことになった。ところが、日本原燃が二〇一〇年二月に公表した計画は、燃料プールで溢れたドラム缶約八一〇〇本分の三倍近いスペースを確保するというものだ。計画では、①燃料プール内に約四三〇〇本分の廃棄物貯蔵室を設置、②約五万本の容量のある廃棄物貯蔵建屋のうち約七五〇〇本分を工場稼働前に使用開始、③新たな低レベル固化体廃棄物貯蔵建屋（約一万三五〇〇本分）を建設し、合計約二万一四三〇本分の容量を確保するという。

これほどの廃棄物貯蔵スペースの増強が必要になったのは、明らかにガラス固化製造建屋での高レベル放射性廃液漏洩事故やその復旧作業が原因だ。トラブルが事故を招き、廃棄物を増やしてゆく。六ヶ所再処理工場は、本格稼働前からすでに放射性廃棄物製造工場となっている。

使いみちのない回収ウラン

使用済み燃料は「高レベル放射性廃棄物」である。ガラス固化体の他に、回収されたウラン、プルトニウムが別にあるわけで、これを政府や電力会社は「廃棄物」ではないと言っているに過ぎない。

ところが再処理工場で回収されたウランには、強い放射線を出すウランの同位体などが含まれていて、これを使って燃料を製造する際に労働者の被曝問題や、燃料の取り扱いが困難になるなどの問題があるため、何の使いみちもないのが実情だ。使用済み燃料中の約九五パーセントを占める回収ウランが、事実上の「廃棄物」となれば再処理の意義がますます薄れるので、電力会社は仕方なしにほんの一部を原発の燃料として再利用してアリバイ作りをしている。

実際、六ヶ所再処理工場のプルトニウムを使ってプルサーマルのためのＭＯＸ燃料が製造されることになっているが、プルトニウムと混合されるウランは、ＭＯＸ燃料工場の隣に酸化物として大量に貯蔵される予定の再処理回収ウランではなく、ウラン濃縮工場に貯蔵されている「劣化ウラン」を利用することになっている。

余剰プルトニウム生産工場

英仏の委託再処理によって、二〇〇八年末現在、二五・二トン（核分裂性プルトニウムの量。以下同様）のプルトニウムが貯蔵されている。

表Ⅱ-6　六ヶ所再処理工場の再処理契約量

（使用済み燃料：トン）（2009年8月31日現在）

契約締結日	2005年8月9日	2006年3月10日（契約量変更）	2007年3月9日（契約量変更）	2007年11月26日（契約量変更）	2008年3月10日（契約量変更）	2009年3月10日（契約量変更）
北海道電力	969	963	955	949	971	952
東北電力	1,385	1,376	1,364	1,356	1,387	1,360
東京電力	12,332	12,256	12,153	12,076	12,357	12,112
中部電力	2,805	2,787	2,764	2,746	2,810	2,755
北陸電力	596	592	587	583	597	585
関西電力	6,031	5,993	5.943	5,906	6,943	5,923
中国電力	1,388	1,379	1,368	1,359	1,391	1,363
四国電力	1,265	1,258	1,247	1,239	1,268	1,243
九州電力	3,323	3,302	3,275	3,254	3,330	3,264
日本原子力発電	2,106	2,093	2,075	2,062	2,110	2,068
合計	32,199	31,999	31,732	31,531	32,265	31,625

（出典）「原子力発電における使用済燃料の再処理等のための積立金の積立て及び管理に関する法律」に基づく電力会社からの届出資料

国内では六ヶ所再処理工場に二・三トン、東海再処理工場に約〇・五トン、燃料加工工場や原発等に三・八トンのプルトニウムが貯蔵されている。日本は、合計約三二トンのプルトニウムを所有するプルトニウム大国である。

いっぽう、日本原燃と一一電力会社は、表Ⅱ-6にあるような再処理契約を結んでいて、今後約三〇〇〇トン以上のプルトニウムが抽出されることになる。

六ヶ所再処理工場が生み出すプルトニウムについては、具体的使途は全く不透明で、完全な余剰プルトニウムである。

4　再処理工場直下に活断層が存在

澤井正子

六ヶ所再処理工場の耐震安全性をめぐって、工場の直下に活断層が存在するという立地上の大問題が二〇〇七年に明らかになった。これは国の安全審査の内容を根本的に覆す指摘である。

東洋大学の渡辺満久教授らのグループは、国土地理院の空中写真による変動地形の判読と六ヶ所村の現地調査によって、六ヶ所核燃料サイクル施設の東側に、太平洋側に傾く大きな撓曲《とうきょく》（たわみ）構造があることを確認した。撓曲とは、地下深くの活断層が活動して地震が起きた場合、地表近くはやわらかい地層が堆積しているのでグニャッと曲がったり、たわんだりするためにできる地形だ。

六ヶ所再処理工場や他の核燃料サイクル施設がのっている段丘面は本来平らであるべきなのに、太平洋側に向かって傾斜している。このような撓曲地形の地下には活断層（逆断層）が存在すると確信した渡辺教授らは、日本原燃が国に提出した「耐震バックチェック報告書」の地下構造の音波探査結果の中にも、活断層の存在を示唆するデータを確認し、地下の活断層を「六ヶ所断層」、地形の撓曲構造を「六ヶ所撓曲」と命名した（図Ⅱ-12）。

図Ⅱ-12　六ヶ所断層（六ヶ所撓曲）

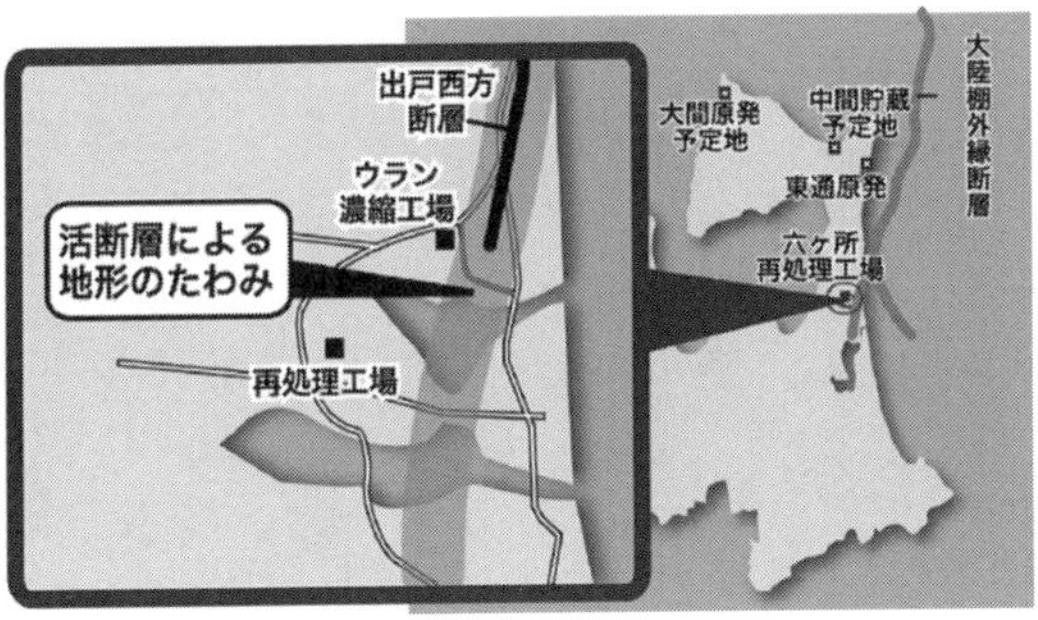

六ヶ所再処理工場の国の安全審査や耐震バックチェックでは、核燃料サイクル施設の東側にある出戸西方《でとせいほう》断層（長さ六キロメートル）が敷地に最大の影響を及ぼす活断層として評価されている。

渡辺教授らが指摘する六ヶ所撓曲は、出戸西方断層を含む幅約数百メートルの大規模な活構造《かつこうぞう》で、地下の六ヶ所断層が本体であり、出戸西方断層はその枝分かれ断層と考えられる。

六ヶ所断層は全体で約一五キロメートル、地下深部（一〇〇〇メートル程度）で西側に傾斜し、再処理工場の直下まで達している可能性がある。さらに二〇〇九年秋には、六ヶ所断層の活動によって形成された活構造（露頭）が確認された。

地下の六ヶ所断層が繰り返し活動したため、古い地層ほど撓曲の傾斜がきつくなっていること（変異の累積性）も確認された。

大陸棚外縁断層は活断層

渡辺教授らはさらに、「六ヶ所撓曲との地形的な連続性から、下北半島沖合の海中にある大陸棚外縁断層が活断層であることは否定できない」と指摘している。全体の長さが八五キロメートルもある大陸棚外縁断層の活動性に関しては専門家の間でも見解が分かれているが、二〇〇九年春には、宮内崇裕教授（千葉大学）も、大陸棚外縁断層の北部の一部を活断層と認定する学会発表を行なっている。また外縁断層が南方で枝分かれしている三沢市天ヶ森沖の部分については、日本原燃も〇八年九月に活断層と評価を変更している。

国や日本原燃が大陸棚外縁断層を活断層ではないとしている唯一の根拠は、海底音波探査記録で確認できない、ということだけだ。しかし大陸棚外縁断層全体を保守的（安全側）に評価するならば、北端と南端が活断層なのであるから中央部も活断層と認定するのは変動地形学の「常識」である。

核燃サイクル施設は撓曲構造の土地が折れ曲がるところに建設されているため、六ヶ所断層が活動した場合、土地が大きくズレるおそれがある。しかしこれに対する対策がない。地震の「揺れ」に対応することしか考慮していない現在の耐震設計や耐震構造では対策が不十分なのである。さらにその耐震安全の大前提として、施設に影響を与える活断層の長さを、科学的根拠に基づいて最大限に見積もる必要がある。出戸西方断層を含み大陸棚外縁断層につながる約一〇〇キロメートル超の大活断層によって引き起こされる地震の規模は、マグニチュード八・三以上の巨大地震となると予測されている。

再処理語録

◎なぜ再処理か

直接処分路線をとっている国が多い中、我が国は、使用済燃料の中にはまだ燃えていないウランもあるしプルトニウムも生まれているので、再処理でこれらを回収して燃料に加工して利用するリサイクル路線を選びました。この再処理をするのが六ヶ所村に建設中の再処理工場です。この路線では、再処理費用で資源節約の利益が帳消しになり、発電コストは直接処分路線より少し高くなります。議論の結果、我が国としては、大規模に長く原子力を利用していくのだから、多少お金がかかるにしても資源を効率的に利用し、処分するべき高レベル放射性廃棄物の量が少ないこの路線を選ぶことにしたのです。（近藤駿介＝原子力委員長、『Women's Voice』第四号）

◎現・原子力委員いわく

日本は使用済み燃料は放射性廃棄物とは定義していませんが、世界を見ると、廃棄物処分と使用済み燃料をどうするかということは、ほぼ同意義です。使用済み燃料対策として「再処理路線」のみでは、プルトニウム在庫量はさらに増加する可能性があります。（鈴木達治郎＝電力中央研究所上席研究員・東京大学大学院客員教授、『エネルギーフォーラム』二〇〇六年一一月号）

◎経産省の本心

経産省も本心はバックエンド問題を抱え込みたくなく、一部では再処理路線の放棄を主張する向きもある。しかし、経産省は、表向きそうしたことを口にするわけにはいかない。……経産省は自ら動かず、東電問題や世論の動向あるいは電力業界の事情から、再処理路線を断念せざるを得なくなるよう待っているという、うがった見方さえある。（中英昌＝『原子力ｅｙｅ』編集主幹、同誌二〇〇三年二月号）

◎無責任ｖｓ無責任

再処理事業は仕方なしにやっている。国の誤った政策のしりぬぐいみたいなものだ。これは原子力委員会の失敗だが、責任を取る人はだれもいない。（豊田正敏＝元日本原燃サービス社

長・日本原燃相談役、二〇〇〇年三月二四日付東奥日報）

◎再処理への疑問は以前から

再処理路線についての疑問は以前から底流としてあった。表立った議論としては、一〇年ほど前に、六ヶ所村の再処理施設が、政府により事業指定された時期に、故島村武久原子力委員が再処理事業を始めることに疑問を呈されたことであろう。……私の記憶するところでも役所の中でも、賛成する人が多かったように思うが、再処理路線という流れに逆らうことはできず、ずっとボタンの掛け違いが続いているのが現状である。（大井昇＝元東芝原子炉設計部主幹・国際原子力機関燃料サイクル課長、『日本原子力学会誌』二〇〇二年七月号）

◎カエサルの末路は？

［六ヶ所再処理工場のウラン試験安全協定締結について］前進ととらえるのかそれとも……。ルビコン河を渡ったカエサルは一定目標を遂げたが果たして。（二〇〇四年一一月二四日付電気新聞「デスク手帳」）

◎操業前から言いわけ

これまで世界で建設されてきた再処理工場は、どこも性能を十分に発揮するまでに数年かかっている。原因はいろいろだが、基本的には運転条件を確立するのに手間取っている。だから私は『何年何月から本格操業を開始する』というのは、原発の立ち上げのような意味でなく、そうした取り組みが続くことも含む操業であることについて、行政や地域社会との間で相互理解活動をしっかり行うことが大切と言っている。（近藤駿介＝原子力委員長、二〇〇八年一二月三一日付東奥日報）

III

高速増殖炉に未来なし

伴英幸

伴英幸

はじめに

一九九五年一二月に事故を起こしたまま止まっていた高速増殖原型炉「もんじゅ」は、一五年の長きにわたる停止期間を経て、二〇一〇年五月に再稼働された。今後、様々な試験を行ない本格的な運転は順調にいけば三年後とされている。

世界の高速増殖炉開発は一九五〇年代から進められてきたが、これまでに実用レベルに到達した国は一つもない。それどころか、開発を始めた国から順次撤退していった（Ⅵ章参照）。その理由には安全性の問題、経済性の問題、核拡散上の問題などの諸問題があげられる。本章では、世界の現実を直視し、日本の高速増殖炉開発を振り返りながら、政策転換の必要性を考えたい。

日本の高速増殖炉開発

以下、政策に沿って見ていくこととする。一九五六年一月に設置された原子力委員会は同年九月に「原子力開発利用長期基本計画」をまとめた。この中で、基本的な考え方として「核燃料サイクルを確立するために増殖炉、燃料要素再処理などの技術の向上を図る」ことを掲げ、高速増殖炉開発が「国のプロジェクト」として進められるようになった。

図Ⅲ-1　原子力開発利用長期計画における高速増殖炉実用化の時期

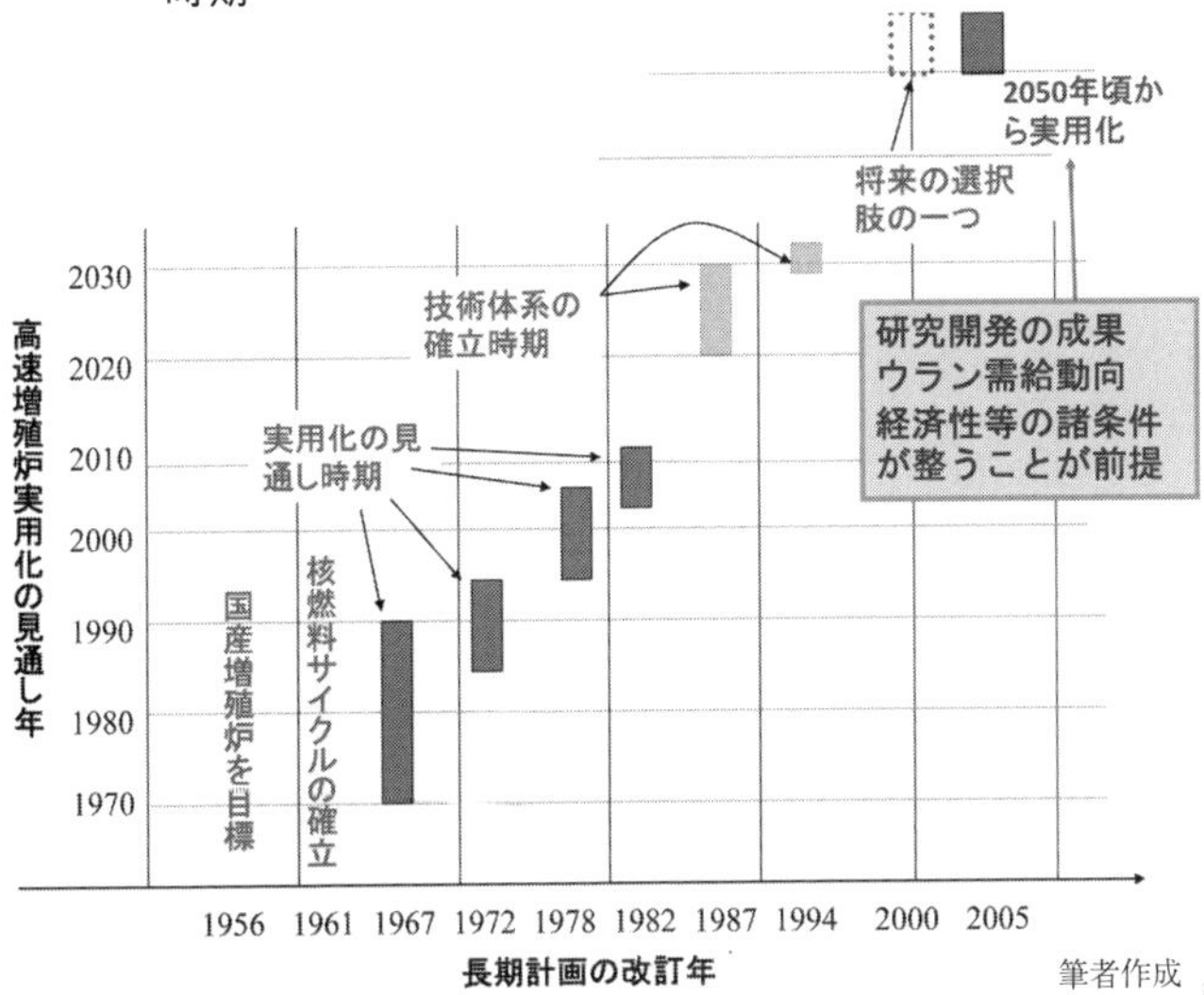

筆者作成

増殖炉が路線となったのは、当時の米ソの軍拡競争やそれによるウラン資源量の制約性などが背景にあったと考えられる。核分裂するウランはウランの中のわずか〇・七パーセントにすぎず、大部分が核分裂しない。しかし、この核分裂しないウラン-二三八から炉内で中性子を吸収することで核分裂性物質であるプルトニウムを作り出すことができる。増殖炉はプルトニウムを燃料としながら、消費した以上のプルトニウムを作り出すために考案された原子炉である。物理の面でみれば可能で、当時、実用化は近いと考えられていた。

原子力委員会はその後五年から七年ごとにこの計画を見直し、「原子力研究開発利用長期計画」（以下、長計）として発表してきた。この中では今日に至るまで、高速増殖炉の開発が日本の原子力政策の目標として位置付けられている。しかし、実用化の見通しとなると、改定を重ねるごとに遠のいていった（図Ⅲ‐1）。

具体的には、六一年の長計では七〇年代後半に実用化できることを目標としたが、六七年の長計では八〇年代後半に、七二年長計では八五年～九五年の間に、七八年長計では九五年～二〇〇〇年の間に、八二年長計では、二〇一〇年ごろの実用化といった具合である。そして、ついに八七年長計では、実用化の時期を明記せず「二〇一〇年ごろよりも遅れるものと予想」し、二〇二〇年～三〇年ごろに技術体系を確立するとした。九四年長計では、これが二〇三〇年ごろに先送りされた。

九五年には後述する「もんじゅ」事故が起こり、二〇〇〇年に改定された長計では「将来の有力な選択肢」と後退したが、二〇〇五年の改定では二〇五〇年ごろの実用化と再び目標を明記した。〇五年の改定（「長計」から「原子力政策大綱」に改称）には、筆者は一委員としてこの議論にかかわったが、はたして高速増殖炉は実用化できるのかどうかといった議論はなされなかった。核燃料サイクル開発機構（現＝日本原子力研究開発機構）がもんじゅ事故後に進めていた「実用化戦略調査研究」の中で二〇一五年ごろに実用化像を提示するとしていたからだった。これについては後述する。

開発が遠のいていった理由を長計から探ると、「増殖と経済性を両立させるのが困難」（六一年）、「経済性を明確に評価するに至っていない」「実用化されるまでには長期間を必要とする」（六七年）などの表現がみられる。ただ、実験炉や原型炉などの建設が始められるようになると、当面の課題解決への言及が多くなり、実用化に関しては理由をつけずに時期を示す表現に変わっていっている。

そして、「技術体系の確立」とした八七年長計では、「実用化に必要な経済性の達成になお大きな課題が残されていることが明らか」との認識を示し、「高速増殖炉の実用化には基本的には市場メカニズムによるものであり、その時期を、現時点で見通すことは困難である」として技術体系を確立するとの表現になっていったようである。

当初言われていたようなウラン需給のひっ迫は見られず世界は軽水炉全盛の時代に入っていたこと、国内では「もんじゅ」の建設に目途がついたこと、また、フランスでは実証炉スーパーフェニックスが稼働しはじめたこと（一九八四年）などが背景にあると考えられる。

七八年の長計では核不拡散を目的とする国際的制約が強まったとして、自主的核燃料サイクルの確立を早期にはかることが強調されていた。米国カーター政権が核不拡散政策を打ち出したことを反映しての言及だが、高速増殖炉開発を目標とする政策の変更はなかった。

もんじゅ事故後にまとめられた二〇〇〇年長計では、高速増殖炉を有力な選択肢の一つと位置付け、「高速増殖炉サイクル技術の研究開発にあたっては、社会的な情勢や内外の研究開発動向などを見極めつつ、長期的展望を踏まえ進める必要がある。……選択の幅を持たせ研究開発に柔軟性を持たせることが重要である。高速増殖炉サイクル技術については裾野の広い基盤的な研究開発を行っていく」とまとめている。

高速増殖炉懇談会

二〇〇〇年長計のベースには、高速増殖炉懇談会の報告がある。同懇談会は原子力委員会によって設置され、一九九六年から九七年にかけて審議し、一二月に報告書「高速増殖炉研究開発の在り方」をまとめた。「国民の意見を政策に的確に反映させることを目的として」設置したというが、報告書への意見募集には約三〇〇〇もの意見が寄せられ、七割近くが開発に反対する意見だったにもかかわらず、その意見が反映されることはなかった。ただ、会議は公開で開催され、配布された資料もネット上に公開されたことは、初めてのことで、事故隠し（ビデオ隠し）に対する国民からの批判の強さが示されている。

まとめられた報告書は、ウラン資源の限界性を考えると、「将来の原子力ひいては非化石エネルギー源の有力な選択肢」と位置付け、研究開発を進めるとした。また、もんじゅの研究開発の継続を基本的スタンスとしている。新たに「マイナーアクチニド燃焼など新たな分野の研究開発に資する」データ蓄積という意義づけがなされた（マイナーアクチニドとは、プルトニウムを除く超ウラン核種を言う。ネプツニウム、アメリシウム、キュリウムなど）。

ただ、その先の実証炉については、これまでと異なり柔軟性を持たせて、もんじゅの成果などを評価した上で決定が行なわれるべきとの姿勢を示した。

この報告書が、二〇〇〇年長計のみならず、〇五年の原子力政策大綱のベースになっていった。ただし、〇五年の原子力政策大綱では、有力な選択肢の一つとの位置付けは取れて、上述したように、それ以前の政策スタンスに戻っている。

設備としての歴史

高速増殖炉の大まかな政策の変遷について述べてきたが、次に、政策に沿って展開されていた設備について述べておこう。原子力発電システムの開発は、核分裂の継続を調べる実験に始まり、炉が成立するかどうかを実験炉で確かめ、発電設備として成立するかどうかを原型炉で確かめ、実用化に向けた経済性を有することを実証炉で確かめるといった段階を踏む。

第一の段階の設備は、熱出力二キロワットの高速臨界実験装置（ＦＣＡ）で、日本原子力研究所（現＝日本原子力研究開発機構）により茨城県東海村に建設された。初臨界は一九六七年だが、この段階では高速中性子は利用されなかった。同装置がプルトニウムを燃料とするようになったのは七五年からで、現在も細々と運転されている。

第二段階の実験炉「常陽」は動燃（動力炉・核燃料開発事業団、現＝日本原子力研究開発機構）により茨城県大洗町に建設された。当初の設計は日本原子力研究所が行なったが、一九六七年の動燃の発足に際して移されたものである。七〇年に建設工事を開始し、七五年から総合機能試験を開始、七七年に臨界を達成した。熱出力は五万キロワットで出発したが、七九年に七万五〇〇〇キロワットを達成させた。その後、八二年からは炉心設計を変更し（ＭＫ‐Ⅱ炉心）出力を一〇万キロワットにもっていった。さらに再度炉心を変更し（ＭＫ‐Ⅲ炉心）、九七年から出力を一四万キロワットに上げた。

ところで、常陽が増殖炉として運転されたのは、最初のＭＫ‐Ⅰ炉心のときのみで、増殖比はわずか一・〇一だった。ＭＫ‐Ⅱ炉心以降は増殖をやめ、プルトニウムの照射試験炉として運転されて、今日に至っている。トラブルの少なさが強調されているが、二〇〇七年六月一一日に燃料交換機で事故を起こし、一〇年四月末現在も止まっている。この事故の第一報が原子力安全・保安院に報告されたのは〇七年一一月九日だった。実に五カ月間も隠されたままになっていたのである。

表Ⅲ-2 「もんじゅ」の炉心配置説明図

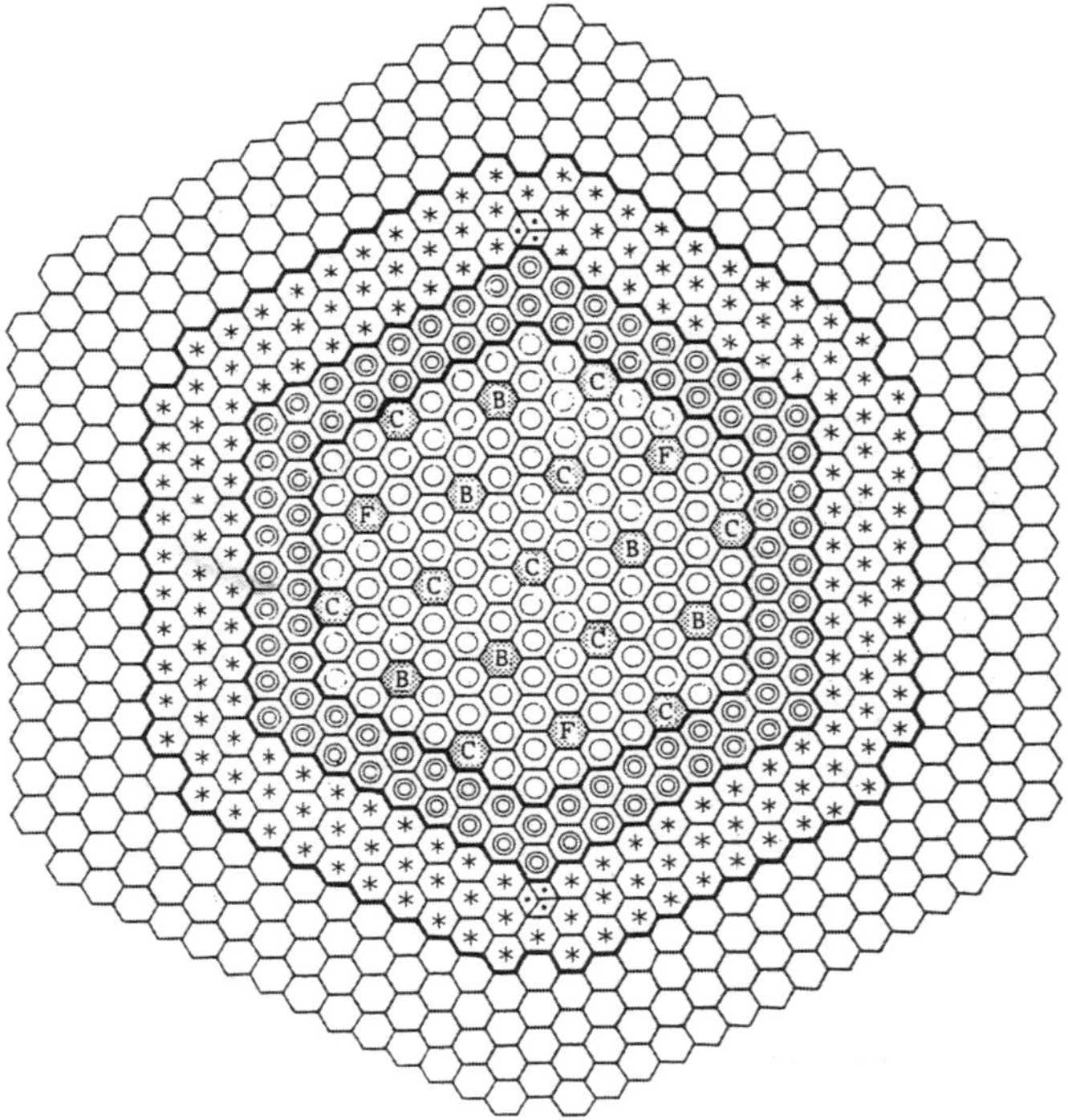

炉心構成要素		記号	数量
炉心燃料集合体	内側炉心	○	108
	外側炉心	◎	90
ブランケット燃料集合体		*	172
制御棒集合体	微調整棒	F	3
	粗調整棒	C	10
	後備炉停止棒	B	6
中性子源集合体			2
中性子しゃへい体			316
サーベイランス集合体			8

『動燃技報』No51（動燃事業団、1984.9）より

「常陽」に続く原型炉としての「もんじゅ」は、同じく動燃が一九六八年から予備設計を始め、八五年に福井県敦賀市で建設工事を開始、機器類の機能試験を終了して臨界に達したのは九四年だった。熱出力七一・四万キロワット、電気出力二八万キロワットの発電設備である。増殖比は一・二で設計されている。この炉は総合機能試験のさなか、電気出力四〇パーセントで運転中の九五年一二月八日にナトリウム漏洩火災事故を起こしたまま、一四年と五カ月のあいだ止まっていた。

「もんじゅ」の仕組みとナトリウム漏洩火災事故

高速増殖炉はプルトニウムを燃料とし、消費した以上のプルトニウムを新たに生み出すように設計される。増殖炉といわれるゆえんである。「もんじゅ」の炉心にはおよそ一トンの核分裂性プルトニウム燃料が入れられており、燃料のおよそ一七パーセントである。残りはウラン。ただし、交換燃料ではさらにプルトニウムが一パーセント程度濃くなる。そして、燃料集合体の上下の部分はウラン - 二三八とされ、また、周囲をウラン - 二三八の集合体で囲む。これはブランケットと呼ばれている。燃料部分の炉心は二層の構造になっていて、内側炉心、外側炉心と呼ばれ、プルトニウムの濃度が異なる（図Ⅲ - 2）。

ブランケット部分で作られるプルトニウムは核分裂性プルトニウムの割合が九七パーセ

ントに達すると言われている。つまり、高速増殖炉サイクルでは、スーパー核兵器級のプルトニウムが生産されることになる。各国が高速増殖炉サイクルを開発すれば、核拡散につながるおそれが大きくなる。

プルトニウムを増殖させるためには、核分裂当たりに発生する中性子の数をより多くする必要がある。生まれる中性子のすべてが有効利用されるわけではない。一部は冷却材に吸収されるし、炉材に吸収されるものもある。増殖比一・二は現行の技術では最大級の増殖比になるが、無駄になる中性子を考慮すると核分裂当たり平均二・二個の有効な中性子を作り出す必要がある。

軽水炉のように中性子を減速したのでは、核分裂の効率は良いが、発生中性子の数が少なく増殖しない。そこで、高速の中性子が必要となる。核分裂の効率は悪くなるが、発生する中性子の数が増える。悪い効率をカバーするために、炉内の核分裂性プルトニウムの量を増やす。軽水炉の濃縮度がせいぜい五パーセント程度なのに対して、一六パーセント前後の濃度を持たせているのはこのためである。また、中性子の損失を少しでも減らすために燃料棒（細いので燃料ピンといわれる）の間隔も軽水炉の三ミリに対し、「もんじゅ」ではわずか一・四ミリしかない。

このことは事故をいっそう深刻にさせることとなる。たとえば、この燃料どうしの間隔が何らかの原因で縮まると核分裂がいっそう進む方向に作用する。そうなると燃料ピンが部分的に加熱して狭い隙間でナトリウムが沸騰するかもしれない。さらにいっそう核分裂が進行することになる。プルトニウムが溶けて炉の底にたまるようになると爆発を起こす。高速増殖炉で最も恐れられている事故である。

中性子を高速のまま利用するためには冷却材に水は使えず、比較的重い物質が必要となる。鉛や水銀なども冷却材として考えられたが、けっきょくナトリウムが最適とされた。ナトリウムは常温では固体だが、九八度で液化し沸点は八八〇度である。そして比較的廉価で入手できる。

しかし、ナトリウムは、水と接触すると爆発的に反応して燃える。空気中の酸素とも反応して燃える。これまでに高速増殖炉開発を目指した国で、この火災に見舞われなかった国はないほどである。反応生成物は水酸化ナトリウム（いわゆる苛性ソーダ）で、腐食性に富み、機器の劣化を招く。

「もんじゅ」ではナトリウムを冷却材にしているが、炉心から出たナトリウムを蒸気発生器に直接に導けばナトリウムと水との反応事故がおきた時、炉心に直接に影響し、悪くすれば暴走爆発事故に至るので、蒸気発生器との間にさらにナトリウムの系を作っている。炉心の系を一次系、蒸気発生器までの系を二次系と呼んでいる。発生した蒸気の系が三次系であ

図Ⅲ-3 「もんじゅ」の基本的な仕組み

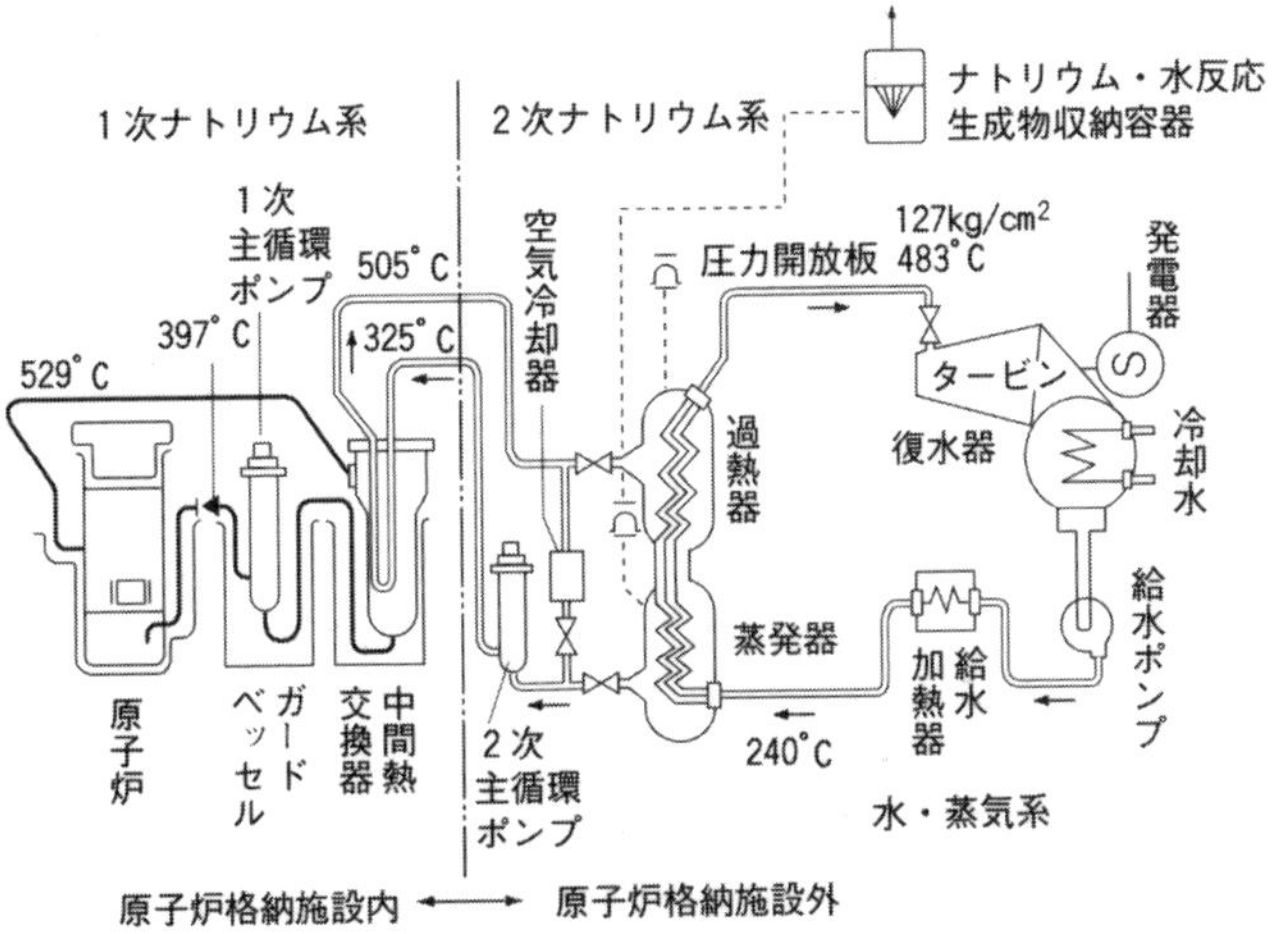

動燃事業団「高速増殖炉開発の概要」（1981年6月）より

る（図Ⅲ-3）。

一次系は、仮にナトリウムが漏れ出ても火災にならないように、格納容器の中を窒素で満たしている。「もんじゅ」事故は二次系で起きた。系はそれぞれ三つのループで構成されているが、そのうちの一つでナトリウム漏れが起きた。ナトリウム漏れは想定されていることで、配管と保温材の間の隙間にはナトリウム漏洩検出器を設置し、わずかの漏れの段階で発見できるように作られていた。しかし、実際の事故は想定外のところで起きた。

系を構成するパイプにはところどころに温度計（熱電対）が設置されており、中を流れるナトリウムの温度を測定するようになっていた。必要以上の温度計が設置されているとの指摘もあるが、次の実証炉開発のためのデータ作りのためなのだろう。温度計は鞘におさめられていて、配管と保温材を貫いて設置されており、データが中央制御室へ送られる仕組みとなっていた。

二次系に六四本設置されている温度計の一本の鞘が、試験運転後まもなくして、ぽっきり折れてしまった。折れた温度計の鞘は後に蒸気発生器で見つかった。折れた部分から二次系の配管室へナトリウムが漏れ出て、火災となったのである。

床には床ライナーと呼ばれる鉄板が敷かれており、ナトリウムがコンクリートと直接に接触しない構造になっている。ナトリウムがコンクリートの水分と激しく反応してコンクリートを破壊するからである。また、この時に発生する水素が爆発する恐れもある。

ナトリウムが床ライナーを貫通しなかったのは不幸中の幸いだった。事故が冬でなく湿度の高い梅雨時や夏場に起きていたら、床ライナーを貫通してさらに大きな惨事になっていたと指摘されている。

原因は、後からみれば極めて単純な温度計鞘の設計ミスにあった。鞘は段付き構造になっており、ナトリウムの流れの中で繰り返す振動のストレスが段の部分に集中して折れるにいたった。なぜ一本だけが折れたのかに関しては明確な原因究明はなされなかったが、施工ミスとされている。

もんじゅナトリウム漏洩事故でナトリウム化合物が積もった2次冷却系配管室
(1995年12月13日写す)

ビデオ隠し

事故から六時間ほど経って、ナトリウムの煙が立ち込める中、酸素マスクを背負い完全防護服姿の五名が調査のために現場に入った。中の様子はビデオに収められたが、動燃は、事故のすさまじさを隠すために、編集したものを公開した。ほどなく編集したものであることが暴露され、大きな社会問題になった。編集がどこでどのように行なわれたのか、本部や理事長は知っていたのか、社会的な厳しい追及が行なわれた。この調査を担当した動燃職員が死亡する（自殺とされている）事態にまで至った。

ビデオ隠しに対する社会の追及は厳しく、事故翌年の三県知事の提言につながっていった。福井、福島、新潟の三県の知事が、原子力政策に国民合意がないので改めて国の責任で合意形成を図れと求めたのだ。これをきっかけとして国民との対話や委員会の公開など情報開示が大きく進んでいくこととなった。

動燃改組と実用化戦略調査研究

動燃は、この事故の二年後に東海再処理工場の低レベル放射性廃棄物アスファルト固化施設で火災爆発事故を起こし、組織改革の必要性が訴えられ、「核燃料サイクル開発機構」

図Ⅲ-4　日本原子力研究所開発機構の誕生まで

日本原子力研究所		核燃料サイクル開発機構
11.30 財団法人原子力研究所として先行発足	1955	
6.15 特殊法人日本原子力研究所発足	1956	8.10 原子燃料公社発足
(8.17 特殊法人日本原子力船開発事業団発足)	1963	
	1967	10.2 特殊法人動力炉・核燃料開発事業団に改組
6.12 高速実験炉設計書を動燃に引き渡し	1968	
(9.6 原子力船「むつ」放射能漏れ事故)	1974	
3.31 日本原子力船開発事業団を統合	1985	
	1995	12.8 「もんじゅ」ナトリウム漏洩火災事故
	1997	3.11 東海再処理工場アスファルト固化施設火災爆発事故
	1998	10.1 核燃料サイクル開発機構に改組

2005.10.1　独立行政法人日本原子力研究開発機構発足

『はんげんぱつ新聞』2005年10月号より

と改名した。人が変わるわけでなく、名称のみの組織改革だったといっても過言ではない。さらにその後の省庁再編の中で、日本原子力研究所（原研）と統合され、独立行政法人日本原子力研究開発機構（JAEA）となった（図Ⅲ-4）。

もともと動燃は、原研でできないことをする形で組織された。名が示すように研究よりも事業を優先させるための組織である。原研では労働組合が力を持ち、研究志向が強かったのを嫌ったとも言われている。

動燃はいわゆる護送船団方式という形で原子力産業界全体を底上げするために、機器類を民間に発注して開発事業を進めてきた。「もんじゅ」の建設では一次系は三菱重工業、二次系は東芝、そして三次系は日立が担当した。それぞれは、系列の下請け、孫請けに機器類の発注を行なっている。

核燃料サイクル開発機構は一九九九年から、「実用化戦略調査研究」と称して、改めて高速増殖炉の炉型や使用する冷却材など選択肢を抽出評価し、また、研究開発計画の策定など総見直しを行なっていくのだが、けっきょくはナトリウム冷却型に戻っただけだった。

この調査研究は二〇〇六年にフェーズⅡ最終報告書をまとめて公表した。現在も継続中で、革新技術のための要素試験研究やプラント全体の概念設計などを行なっている。

これらを受けて、原子力政策大綱によれば、二〇一五年ごろから「商業ベースでの導入

図Ⅲ-5　FBR サイクル開発の推進体制

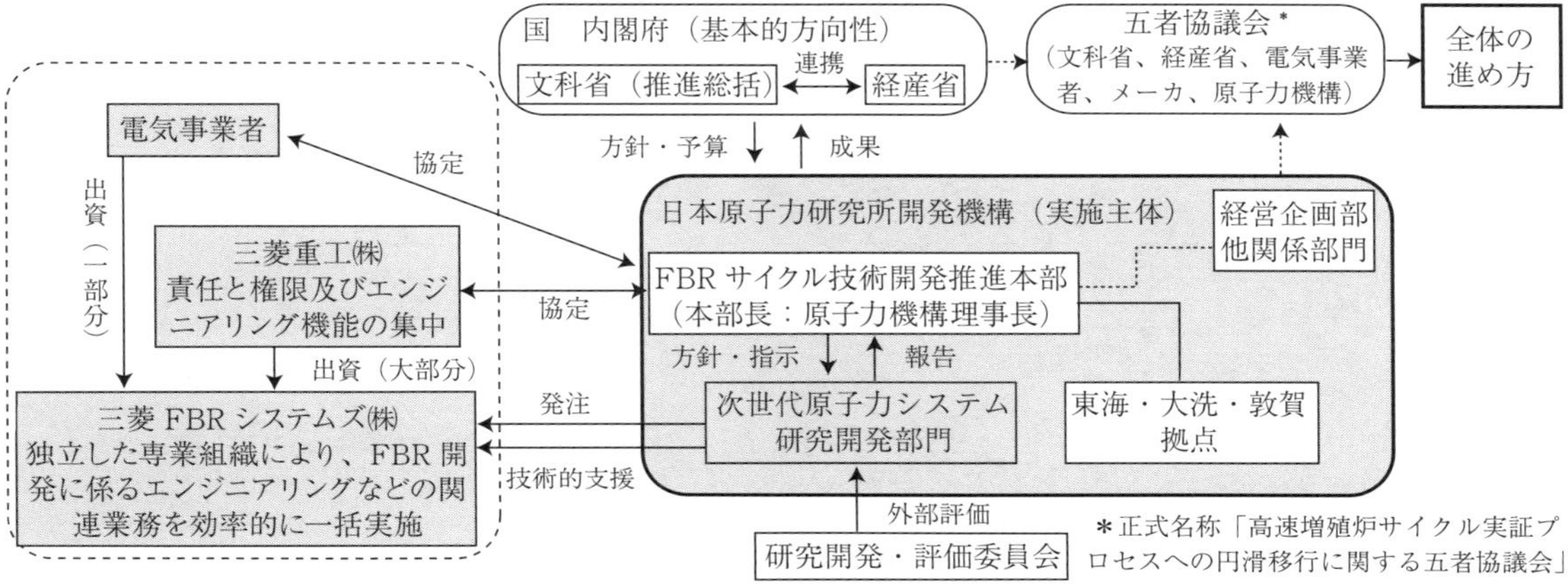

＊正式名称「高速増殖炉サイクル実証プロセスへの円滑移行に関する五者協議会」

日本原子力研究開発機構／日本原子力発電「高速増殖炉サイクル実用化研究所開発 2008 年中間とりまとめ」より

に至るまでの段階的な研究開発計画」を検討するとしている。とはいえ、実用戦略調査研究は「もんじゅ」が運転を停止して成果を上げられない中、核燃料サイクル機構という組織と高速増殖炉研究開発を延命させる措置に他ならなかった。

政府は、原子力政策大綱の策定が終わった二年後の〇七年に五者協議会を設置した。文部科学省、経済産業省、電気事業連合会、日本電機工業会、日本原子力研究開発機構の五者である。従来の護送船団方式の反省に立ち、主開発業者として三菱重工を選出して実証炉の開発体制を整えた（図Ⅲ‐5）。

概念設計は終えている。実証炉は「もんじゅ」と炉型が異なっており、原型炉としての「もんじゅ」の意義は失われている。仮に「もんじゅ」にそれなりの経験が積みあがったとしても、設置場所が未定のままで、この点で展望が見えない。一九六〇年代ならいざ知らず、五〇年後の今日では原子力への受け止め方も大きく異なり、新たな設置場所を決めることは至難であろう。「もんじゅ」の経験が次に引き継がれる保障はない。

原子力立国計画と核燃料サイクル

話は前後するが、二〇〇六年に経済産業省は「原子力立国計画」をまとめ、発表した。電力自由化に逆行するとも言える政府の姿勢であるが、この中で「『中長期的にブレない』確固たる国家戦略と政策枠組みの確立」が掲げられた。「もんじゅ」事故の影響の強さがかえって窺えるのだが、この中で高速増殖炉サイクルの早期実用化が掲げられた。

政策大綱では具体的な言及のなかった実証炉について、当時の自民党政権とのすり合わせの結果、五年早まることとなり、二〇二五年ごろに実現するとした。また、二〇五〇年ごろからの実用化は「二〇五〇年より前に」とされた。この経緯について当時の資源エネルギー庁原子力政策課長は「今回政治のほうでもご意見をいただいて、それじゃそれに合わせましょうということで」と総合資源エネルギー調査会原子力部会の場で説明していた。

この報告に先立って閣議決定された「第三期科学技術基本計画」の分野別推進戦略の中で、高速増殖炉サイクルが「今後五年間集中投資すべき」「国家基幹技術」に位置づけられた。さらに、〇九年に経済産業省がまとめた「原子力発電推進強化策」においても高速増殖炉開発は「国家基幹技術」との表現が盛り込まれている。

〇九年一二月の「もんじゅ」とその後の実証炉開発をめぐる事業仕分けにおいて、図Ⅲ-6のように事業の見直しが提起されながらも、「より高度な判断が必要」と議論が不発に終わったのは、こうした位置付けが行なわれていたからだろう。「もんじゅ」事故後は、原子力は推進だが、高速増殖炉開発に批判的な関係者が原子力政策に影響を与えてきたが、〇五年の政策大綱以降、強烈な巻き返しに出てきていると見ることができる。

高速増殖炉の実用化はあるか

米プリンストン大学のフランク・フォンヒッペル教授は『科学』二〇一〇年二月号のプルトニウム科学特集の中で、世界の高速増殖炉開発が実用化に失敗したのは、開発の根拠として想定されていた四つの条件が間違っていることがわかったからだとしている。①ウラン資源の早期の枯渇、②早期に軽水炉と同等の経済性を持つようになる、③安全性、④核燃料サイクルが持つ核拡散リスクに対処できる――の四点だ。日本や他国の歴史にみられるように②~④までは、フォンヒッペル氏の言う間違いを具体例が示している。②と③は相互に関連する項目である。①のウラン資源に関しても、フォンヒッペル教授は論文の中で、OECD/NEA（経済協力開発機構原子力機関）のデータなどを引用しながら、早期には枯渇しないことが明らかとしている。

実は「原子力政策大綱」でも、近い表現がみられる。こちらは二〇五〇年からの実用化を目指すとしているが、「ウラン需給の動向等を勘案し、経済性等の諸条件が整うことを前提に」との条件を付けている。安全性は大前提であるとして、残るのは核拡散リスクだが、これは非核兵器国として核不拡散体制を強化し国際協力することで「対処できる」との立場だ。衣の下に鎧なのかもしれないが、ここではこれ以上言及しない。

図Ⅲ-6
（予算担当部用）

事業番号3-36-（1）

<table>
<tr><th colspan="4">論点等説明シート（予算担当部局用）</th></tr>
<tr><td>施策・事業名</td><td colspan="4">高速増殖炉サイクル研究開発
（もんじゅ及び関連研究開発）</td></tr>
<tr><td rowspan="2">予算額</td><td colspan="2">平成21年度当初予算額</td><td colspan="2">平成22年度概算要求額</td></tr>
<tr><td>40,895</td><td>百万円</td><td>43,554</td><td>百万円</td></tr>
<tr><th colspan="5">事業予算について論点等</th></tr>
</table>

＊本事業（436億円）は、高速増殖炉「もんじゅ」の運転関係費（233億円）と、もんじゅとは別に行われる研究開発（203億円）の2事業が主。

【もんじゅの運転関係費（233億円）】
・7年のナトリウム漏れ事故以来、長期運転停止中。この間、4回運転再開を予定するもすべて延期。
・建設費及び維持管理費を含め21年度までに、9,000億円余の国費が投入されており、うち運転停止中の維持管理費だけでも約2,300億円（年間約200億円前後、1日当たり約5,500万円）。

開発期間	開発費総額	運転再開	運用費	（年間）1日あたり	21年度までの投資累計額
昭和55年度～平成6年度	5,886億円	平成21年度（予定）	約200億円	約5,500万円	約9,000億円

○事業の必要性
・14年間運転停止しており何らの研究成果が上がっていないにも関わらず、毎年莫大な経費を要している。
・来年3月に運転再開を目指しているが、今後とも莫大な経費を投入すべきか否か、必要性を検証する必要があるのではないか。

・あわせて、もんじゅの運転に要する人件費、物件費について、毎年の実績を反映しつつ、経費削減を徹底的に行うべきではないか。

「中長期的にブレない」政策は、たとえ高速増殖炉の実用化の可能性がみえなくても、開発を進めることを意味するのだから、これは非常に硬直化した政策といえる。もちろん、政策の柔軟性にも言及されているが、それは「具体的な時期」についてである。しかし現実には時期が早まることはないので、実用化の見通しのないまま、国家予算がいつまでも費やされていく。現行の高速増殖炉政策は、まさに泥沼状況になりかねないのである。

高速増殖炉をめぐる各国の撤退の歴史が明らかにしているように、政策の決定も転換もすべて政府によって行なわれてきた。政権が交代したときに大きな見直しが行なわれて過去の決定が転換されてきたのである。本稿で述べた日本の原子力政策はすべて自民党政権下で決定されたものだ。今回の事業仕分けでは俎上に上がりながらも不発に終わったが、実用化をめぐる安全性や経済性、そして核拡散リスクに関する議論を強めながら政策転換を進めていくことが求められている。

「もんじゅ」語録

◎運転再開こそが目的？

往々にしてもんじゅは動かすことに頭がいっていて、もんじゅを一体どういうふうに使うかということが、この一四年間の空白の中で若干当事者、関係者含めて忘れ去られている。（田中俊一＝原子力委員長代理、二〇〇九年八月一八日原子力委員会）

もんじゅは高速炉プラントとしての完成そのものが成果です。（浜崎一成＝元日本原子力発電副社長、『日本原子力学会誌』二〇〇九年一二月号）

◎高速増殖炉の実用化に役立つか

「もんじゅ」を大型化したところに実用化があるのならば、運転データの取得に大きな意義があるが、本当に電力会社が引き受けてくれるか。「もんじゅ」を運転すればいろいろなプロセスに役立つという意見があるが、車の運転免許を取得すれば飛行機の運転に役立つといっているのと同じに思える。（鳥井弘之＝日本経済新聞論説委員、二〇〇〇年二月一五日原子力委員会長期計画策定会議第三分科会）

◎設計段階でもう賞味期限切れ

原型炉『もんじゅ』についての最近の情報は良く知らないが、いまでも一〇年前の設計で居眠りしたままやっているんだろうか。『もんじゅ』が完成したとき、『作ることにだけ意義のあった現代の遺物』にならないよう祈る。（ケネス・T・スズキ＝米カリフォルニア大学、『原子力工業』一九八一年七月号）

◎経産省の本心

高速増殖炉原型炉「もんじゅ」を巡り、周辺住民が国の設置許可の無効確認を求めた訴訟で、最高裁は設置許可を適法とする逆転判決を下したが、裁判で勝利したはずの経済産業省の受け止め方は複雑だ。……旧通産省以来、同省の本音は核燃料サイクルの放棄だったとみていい。……しかし一度決まった国策、しかもすでに「もんじゅ」は七〇〇〇億円を超える投資をしているだけにストップをかけることができなかった。今回の最高裁判決でさらに歯止めがかからなくなると予想される。省内には「反対と言っていた幹部はなぜ体を張らなかったのか」と歴代幹部を責める声が強い。（『エコノミスト』二〇〇二年六月一四日号）

◎高速増殖炉に展望なし

現時点で、予断を持たず冷徹に観れば、ＦＢＲの将来展望は未だかなり不確定である。楽観的に観ても、安全性、信頼性、経済性、資源安定性、技術成熟度、核拡散防止、核テロ防止、高レベル放射性廃棄物処分負担軽減、社会的受容性等の視点でＦＢＲが現行軽水炉や改良軽水炉に競争可能なレベルに至るには相当の期間が必要であると考えざるを得ない。（松浦祥次郎＝前原子力安全委員長・元日本原子力研究所理事長、二〇〇九年一二月一五日付電気新聞）

◎けっきょく役に立たない

ＦＢＲの導入時期論議でいつも感じることは、ＦＢＲは高速中性子の反応を使う炉だが、残念なことに〝高速には増殖してくれない炉〟であることがよく理解されていないのではないかと言うことである。……ＦＢＲ導入の効果が表れてくるには、何十年という年月を要するのである。逆に言うと、ウラン資源の不足が予想される何十年も前からＦＢＲを導入しなければ間に合わない。（澤口祐介＝東京電力フェロー、『原子力ｅｙｅ』一九九八年三月号）

◎千年先を見よ

広島、長崎の原爆被ばくによって、日本では核反対の意見が多いが、絶対的、唯一無二の価値観などはなく、時代とともに変わる。……高速増殖炉についても同じで、危険だと批判する声があるが、放射性物質を減らし、エネルギーを確保する究極の科学であり、結論は百年、千年という長いスパンで見てほしい。そういった面で、もんじゅは国際的な財産であり、大いに

期待している。（藤家洋一＝原子力委員長代理、二〇〇〇年一一月九日敦賀国際エネルギーフォーラム）

Ⅳ

プルサーマルがもたらす無用の危険

上澤千尋

上澤千尋

1　はじめに

ふつうの原発でＭＯＸ燃料を使うことをプルサーマルと呼んでいる。ＭＯＸ燃料とは、ウランとプルトニウムの混合燃料（混合酸化物燃料）のことである。

二〇〇九年六月十二日、電気事業連合会は、「プルサーマル計画の見直しについて」という記者発表を行ない、プルサーマル計画全体の先延ばしを発表した。それまで一〇年度までに国内の一六～一八基の原発でプルサーマルを開始するとしていたが、一五年度までに一六～一八基へと計画を遅らせるという内容である。

〇九年一〇月に、九州電力の玄海三号炉で一六体のＭＯＸ燃料が装荷され、一一月からプルサーマルによる運転が開始された。四国電力の伊方原発三号炉では、一〇年二月に一六体を装荷、三月に運転が始まった。中部電力浜岡四号炉などがこれに続こうとしている（表Ⅳ‐1）。

しかし、プルサーマルの意義はどこにも見いだせない。技術が進歩して安全になったか？　生産効率があがって安くなったのか？　エネルギーとしての価値は？　すべてＮＯである。

表Ⅳ-1　プルサーマル導入「2015年度までに16～18基」の現状（2010年3月末現在）

電力会社名	原子炉名	現状
北海道電力	泊3号	許可申請中
東北電力	女川3号	許可済み
東京電力	福島第一3号	燃料到着済み　地元了解再要請中
	柏崎刈羽3号（計画から名称削除）	燃料到着済み　地元了解白紙撤回
	1～2基	未交渉
中部電力	浜岡4号	燃料到着済み
北陸電力	志賀　1基	未交渉
関西電力	高浜3，4号	燃料製造済み
	大飯　1～2基	未交渉
中国電力	島根2号	燃料製造中
四国電力	伊方3号	2010年3月より開始
九州電力	玄海3号	2009年11月より開始
日本原子力発電	東海第二	未交渉
	敦賀2号	未交渉
電源開発	大間	燃料製造中

原子力資料情報室作成

実現の見込みのない高速増殖炉への「つなぎ」としてのプルサーマル、プルトニウムの核兵器転用疑惑への「言い訳」としてのプルサーマル。無用のやっかいものである。

プルトニウムは核兵器の原料でもあるし、毒性も非常に強い。そもそも原子炉の運転は危険と背中合わせであって、そこへプルトニウムの燃料を装荷するのは、さらに危険を増すことになる。プルトニウムを原発で燃やすと、ウランとは核特性が大きく違うし、物理的・化学的にも大きく違う。これらによって事る。そして、事故時の放射能放出による被害がより大きくなる。

参考文献として、高木仁三郎『プルトニウムの恐怖』（岩波新書）、高木仁三郎ほか著『MOX総合評価』（七つ森書館）をあげておこう。後者は国際MOX燃料評価プロジェクトの最終報告である（英語版は原子力資料情報室のホームページから無料で入手できる）。

2　プルトニウムという物質

プルトニウムは天然には存在せず、原子炉の中でつくられる人工の元素である。プルトニウム‐二三九はスピードの遅い中性子（熱中性子）で核分裂を起こす。プルトニウム‐二三九は原子炉の中で、ウラン‐二三八が中性子を吸収することから生成がはじまる。

ウラン‐二三八＋中性子＝ウラン‐二三九（ベータ崩壊、二三・五分）→ネプツニウム‐二三九（ベータ崩壊、二・三五日）→プルトニウム‐二三九

ベータ崩壊をしながらプルトニウム‐二三九が原子炉内に蓄積されていく。プルトニウム‐二三九は炉内で中性子をさらに吸入してプルトニウム二四〇、二四一、二四二へと姿を変える。プルトニウム‐二三八はさらに別の反応が関与して生成される。

核兵器材料

プルトニウムは核兵器の材料である。原子爆弾になるし、水素爆弾の起爆用にも用いられている。純粋なプルトニウム - 二三九ならば数キログラムで原爆になる。原発の使用済み燃料から取り出されたプルトニウム（原子炉級プルトニウム）であっても、十分威力のある原爆になりうることは、米国科学アカデミーや米国エネルギー省などが認めるとおりである。

民事のプルトニウム利用計画であっても、プルトニウムを生成する原子炉、プルトニウムを取り出す再処理工場、プルトニウム燃料工場といったシステムが構築されていれば、技術的にはいつでも軍事転用可能である。

使いみちのないプルトニウムをたくさん抱えていながら、さらに再処理を続けてプルトニウムを増やす。「核兵器をつくるつもりだ」と疑われてもしかたのない行為である。

プルトニウムの毒性

プルトニウムは、この世でもっとも毒性の強い物質の一つである。プルトニウムの同位体の多くはアルファ線を出す。アルファ線は、飛ぶ距離は短く、貫通する力も強くないが、当たった相手に一気に大きなエネルギーをぶつけるので破壊力は大きい。

プルトニウムのアルファ線は皮膚を五〇ミクロンもすすめば止まってしまうので、体の外にあるかぎり、被曝の影響はそれほど深刻ではない。しかし、アルファ線を出す物質が人体に取り込まれると、その物質のそばにある細胞を大いに傷つける。

体内に呼吸とともに取り込まれたプルトニウムの微粒子は、肺に取り込まれ、水に溶けにくい性質であるため多くはそこに長くとどまって、肺を組織する細胞の遺伝子を破壊し、肺ガンを引き起こす。肺に取り込まれたプルトニウムの一部は血液に溶け出し、肝臓や骨、生殖腺に到達し、肝臓ガンや白血病、そして遺伝障害の原因となる。

また、口から食べ物や飲み物と一緒に取り込まれたプルトニウムも、吸入した場合と比べるとその割合は低いとはいえ、骨などに集まり長くとどまるため、白血病などの原因となる。一〇〇〇分の一グラムのレベルの量が深刻な問題を引き起こす。体内に五〇年ないしはそれ以上とどまり、体内に取り込んだ時点で将来にわたって被曝することが決まってしまう（表Ⅳ－２）。

3　プルサーマルの安全上の問題

プルサーマルを推進しようとする人たちはよく、ウラン燃料の原発でもプルトニウムが

表Ⅳ-2　原子炉級プルトニウム1gの毒性

同位体	半減期（年）	崩壊の型	年摂取限度＊（酸化物の吸入摂取）	組成の例	1g中の放射能（左の組成の場合）	年摂取限度との比較（同左）
Pu-238	87.7	α	1,800ベクレル	2%	110億ベクレル	610万倍
Pu-239	24,100	α	2,400ベクレル	59%	14億ベクレル	58万倍
Pu-240	6,540	α	2,400ベクレル	24%	20億ベクレル	83万倍
Pu-241	14.4	β	240,000ベクレル	11%	4,200億ベクレル	180万倍
Pu-242	376,000	α	2,700ベクレル	4%	600万ベクレル	2,200倍
合計				100%	4,300億ベクレル	930万倍

＊職業人に対する年間の線量限度を20ミリシーベルトとして計算した。一般人の制限値をこの20分の1と考えれば、原子炉級プルトニウム1gは一般人の制限値の２億人分となる。

日本の法令ではICRP勧告から最も甘い数値が採用されており、厳しい数値との間には数倍から10倍近い開きがある。

原子力資料情報室作成

生成され、部分的には燃えているのだから、プルトニウムをふつうの原発で燃やしても基本的に安全性に問題はない、というような言い方をする。

しかし、このような主張は大きな誤解を招く。プルトニウムの核的特性はウランと大きく違う。物理的・化学的にいっても、ウランの酸化物とＭＯＸとでは大きな差がある。ふつうの原発でウランを燃やしたときに原子炉内にたまるプルトニウムの量は〇・八〜一・〇パーセント程度であるが、新規のＭＯＸ燃料のプルトニウムの濃度は五〜一〇パーセント以上にもなる。この高い濃度のプルトニウムを含んだ燃料をふつうの原発で燃やすということは、原子炉の制御という観点から大きな安全上の問題となる。

原子力安全委員会でさえ、一九九五年六月の専門部会の報告書「発電用軽水型原子炉施設に用いられる混合酸化物燃料について」において、原発でウラン燃料を燃やす場合とＭＯＸ燃料を燃やす場合とでは、核的特性、物理的・化学的特性、実際の燃焼にあたっての原子炉の制御の問題などに基本的な違いがあることを認めている。

もちろん、ウランに比べてプルトニウムは、人体にとってより有害な放射能であるという特性も忘れてはならない。もう少し詳しく述べよう。

ＭＯＸ燃料の物理的・化学的な問題点

ウランの燃料（二酸化ウラン）と比べた場合のＭＯＸ燃料の重要な違いは、融点の低下である。ＭＯＸの融点は、ほぼプルトニウムの含有量に比例するように下がっていく。二酸化ウランの融点が二八四〇度であるのに対し、標準的なＭＯＸ燃料では二八〇〇度以下程度にまで低下する。また、原子炉での燃焼が進むにつれて、融点の低下がさらに進む可能性がある。この程度の融点の低下は、通常の運転中には直ちには大きな脅威にはならないかもしれないが、後述するように燃料の冷却不足につながるある種の異常状態では、影響が大きくなる可能性がある。

ＭＯＸ燃料の熱伝導度は、プルトニウムの含有量とともに下がっていく。これも、原子炉の異常運転時に悪影響をもたらす危険性を含んでいる。

図Ⅳ-1　燃料に伴う気体放射能放出率の上昇

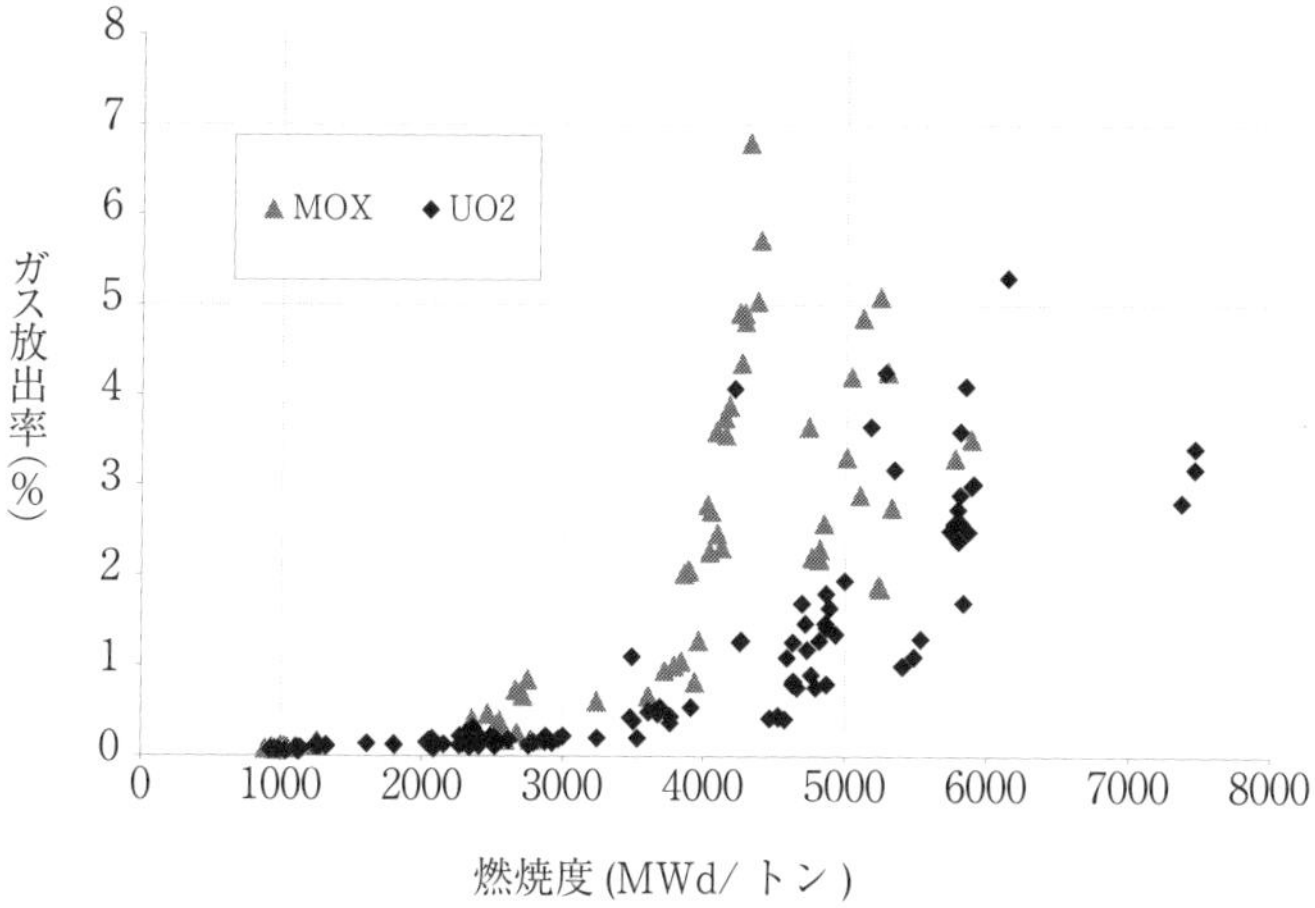

P.Blanpain他「MOX燃料の経験」より

MOX燃料を使うと、気体放射能の放出量が大きくなることが知られており、図Ⅳ-1に示すように、とくに燃焼が進むにつれて大きくなる（MWd／トンは燃焼の度合＝燃焼度の単位）。

MOX燃料の核的特性に関する問題点

①ブレーキの効きが悪くなる

プルトニウムとウランの核的特性をあらわすのに、「中性子反応断面積」というものがある（図Ⅳ-2）。中性子が当たる確率をあらわしたもので、的（まと）の大きさにたとえるとわかりやすいかもしれない。原発の核反応が起こる熱中性子の領域（中性子のエネルギーが〇・〇〇二五電子ボルト付近）では、ウラン-二三五よりプルトニウム-二三九やプルトニウム‐二四一のほうが的が大きいため、飛んでくる中性子が当たりやすい、つまり中性子を吸収しやすい。このことが制御棒の中の物質（ホウ素やハフニウム）が中性子を吸収するのと競合するので、制御棒に中性子が吸収されにくくなる。このため、制御棒の効きが悪くなる（制御棒価値が下がる、という）。同じ理由でホウ素の能力も低下する。ホウ素は、核反応をコントロールするために加圧水型炉の冷却材に添加されたり、沸騰水型炉の緊急時ないしは停止時に冷却材に注入されたりする。

制御棒のすぐそばにＭＯＸ燃料を装荷すると制御棒の能力の低下が大きくなる可能性があるので、それを避けるような配置をしなければならなくなる。

これら原子炉のブレーキ能力の低下をなるべく抑えるために、加圧水型炉では添加するホウ素濃度を高くし、沸騰水型炉でもホウ酸水を注入する配管を太くするなどの設計変更を行なっているものもある。全炉心にＭＯＸ燃料を装荷する予定の大間原発では、制御棒の中の中性子吸収物質（ホウ素‐一〇）の濃度を大幅に高めた高価値制御棒を採用し、ホウ酸水タンクの容量を増量している。

②原子炉の動揺・混乱

原子炉の中で、圧力や冷却材の温度、燃料の温度、水泡の量などが変わると、出力が変

図Ⅳ-2　ウランとプルトニウムの中性子反応断面積

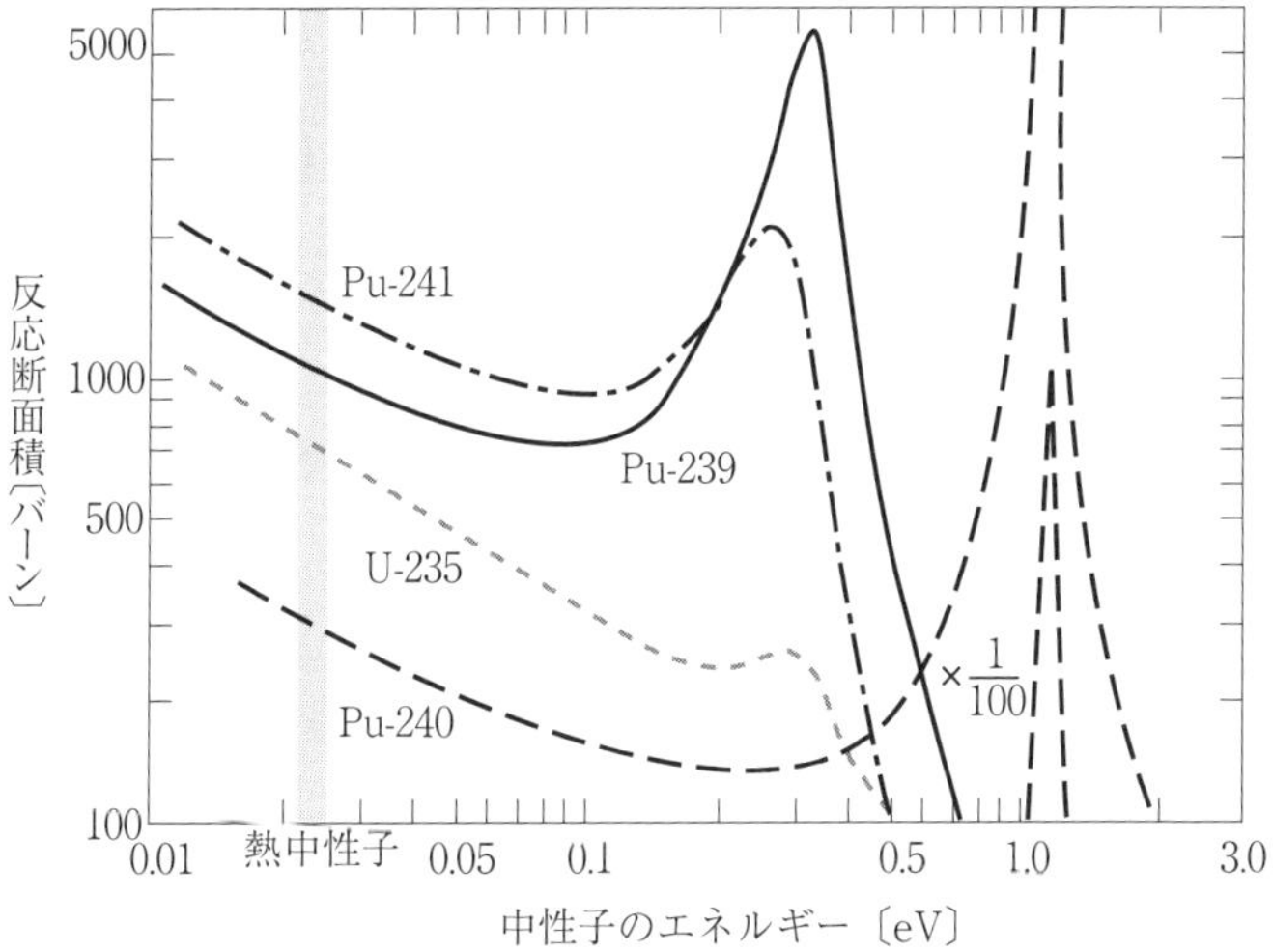

H. W. グレイブス『核燃料管理の方法と解析』（現代工学社）所収の図に加筆

化する。出力の変化の度合のことを反応度というが、その反応度が、何がどれくらい変わったことによってもたらされたものかを示す量が、反応度係数である。燃料の温度係数（ドプラー係数）、冷却材中の蒸気の泡の係数（ボイド係数）、減速材の温度係数、減速材の密度係数などがある。

　沸騰水型炉でＭＯＸ燃料を使用すると、ボイド係数が大きくマイナス側になることがわかっている。これは、出力が上がって周りの冷却材の沸騰が激しくなって、泡（ボイド）が増えた場合には出力が徐々に下がることを意味する。一見すると、安全上有利なように思える。しかし、圧力が急に上がるなどして泡が一気につぶれるようなケースでは、出力の急上昇が起こり、部分的な燃料の破損という事態が十分に考えられる。沸騰水型炉では、ウランの燃料だけを使用した場合にもボイド係数がマイナスになる傾向があるが、ＭＯＸ燃料を使用するとそれが顕著になる。

加圧水型炉では、冷却材温度係数が大きくマイナス側になる。この場合も、冷却材の温度が徐々に上昇するような状況では出力が下がる方向に向かうので安全上の問題は低いように見える。しかし、冷却材が一気に炉心内に注ぎ込まれるようなケースには出力の急上昇が起こり、燃料の部分的な損傷というトラブルを招きかねない。

③出力のバラツキ

プルトニウムの方がウランより熱中性子の吸収が大きいため、炉心内で出力分布に偏りが起こる。ウラン燃料とＭＯＸ燃料の境界部分での出力のバラツキが大きくなり、ＭＯＸ燃料が水と接する部分で出力の大きなピークが生じる。出力振動のきっかけにもなり得るため、原子炉の安全上大きな問題である。

これを避けるために、一つの集合体内でプルトニウムの濃度を三〜六通りにも変えるなどの、複雑な燃料配置が必要になる。沸騰水型炉の場合には、ＭＯＸ燃料集合体内にウランの燃料棒が何種類も濃度を変えて組み込まれる。これらの理由により、燃料の加工・組み立ての工程や、原子炉内への装荷が非常に複雑になり、混乱が生ずる恐れがある。

実際、一九九九年に関西電力の高浜原発に当時のBNFL社（イギリス）から運ばれたMOX燃料においては、MOXペレットの成形工程での寸法管理のミスを覆い隠すための不正が行なわれ、MOX燃料の使用が中止された。また、二〇〇九年にアレバ社（フランス）から運び込まれたMOX燃料にも、加工工程管理上のトラブルが起き、基準に合わない燃料が製造されていたことが明らかになっている。燃料加工を請け負ったアレバ社は、関西電力に対してさえ詳細なデータの提供を拒んでいるという。

〇一年にはフランスのダンピエール原発四号炉で、燃料交換中にMOX燃料を含む一一三体の集合体の装荷位置を間違えたため、その場で臨界に達するというトラブルが起きている。

④原子炉の制御が難しくなる

核分裂が起きたときに生ずる中性子の放出には二種類ある。即発中性子と遅発中性子である。核分裂のときに直接放出されるのが即発中性子で、これが九九・三パーセント以上と、中性子放出の大部分を占める。即発中性子の寿命は一〇〇〇分の一秒以下と非常に短い。一方、遅発中性子は核分裂生成物のうち寿命が短いものが崩壊する途中で放出され、核

表Ⅳ-3　遅発中性子割合

核　　種	遅発中性子割合　(%)
ウラン　-235	0.67
ウラン　-238	1.64
プルトニウム-239	0.22
プルトニウム-240	0.29
プルトニウム-241	0.54
プルトニウム-242	0.51

(OECD/NEA, 1995, Physics of Plutonium Recycling Vol.1)

分裂が起きてから一〇分の一秒から数十分の一秒後に出てくる。遅発中性子の割合は〇・七パーセント以下であるが、人間の手によって動かすことができる制御棒を使って原子炉内の核分裂の連鎖反応をコントロールするには、遅発中性子を使うしかない。

プルトニウム - 二三九の遅発中性子割合は、ウラン - 二三五の約三分の一である（表Ⅳ - 3）。コントロールできる中性子が減ってしまうため、原子炉の制御を難しくする。とくに、プルトニウム - 二三九の比率が高い場合には、より難しくなる。

⑤部材や炉壁の照射損傷

プルトニウムの同位体の核特性は、MOX燃料を原発に装荷した場合には、中性子の平均エネルギーが高くなる（中性子スペクトルの硬化という）。

このため、プルサーマルでは、高エネルギーの中性子による炉内構造材の照射損傷を大きくし、燃料集合体の各部品、制御棒の各部品などを劣化させ原子炉の安全性を損なう可能性があり、原子炉圧力容器の寿命を縮めることにつながる。

ＭＯＸ燃料使用にともなう放射線の危険性

プルトニウムは強い放射線を放つ非常に危険な物質である。ウラン燃料と比べると、ＭＯＸ燃料は未使用の場合であっても非常に強い放射線を出す。使用済みのＭＯＸ燃料になると、プルトニウムや超ウラン核種の含有量がウランの使用済み燃料を比べて数倍〜一〇倍程度多くなるので、危険度ははるかに高くなる。

①プルトニウムや超ウラン核種による内部被曝

プルトニウムを吸い込むことは非常に危険性が高い。一〇〇〇分の一グラムの単位のプルトニウムの体内への取り込みが深刻な健康上の問題をもたらす。ひとたび吸入するとプルトニウムは体内に長くとどまるからである。

吸入されたプルトニウムの一部は肺に到達し、さらにその一部は血液中に入り込み、最終的には肝臓や骨、生殖腺に届く。

飲み物や食べ物と一緒に経口摂取されたプルトニウムの場合には、吸入した場合よりも割合は減るが、一部が血液に取り込まれ、同じような器管に達する。

これらの臓器・器官に取り込まれたプルトニウムは、数年〜五〇年以上、場合によってはその人の生涯にわたってその場所にとどまり、アルファ線を浴びせ続けることになる。長期にわたるアルファ線の被曝は、ガンや遺伝傷害の原因になりうる。

プルトニウムの吸入による影響は、MOX燃料加工工場の労働者被曝をもたらす。また、アメリシウム、キュリウムなどの超ウラン核種の原子炉内貯蔵量の増大により、MOX燃料を装荷した原発における大事故時の公衆の被曝をより深刻にする。

②アメリシウム-二四一のガンマ線による外部被曝

MOX燃料にはプルトニウム-二四一のベータ崩壊（半減期一四・四年）によって生成されるアメリシウム-二四一が含まれている。このアメリシウム-二四一のガンマ線が、MOX燃料加工工場や原発におけるMOX燃料装荷に関わる労働者に外部被曝をもたらす。

原子炉で使用されるプルトニウムには、プルトニウム-二四一が一〇〜一五パーセント含まれている。プルトニウム全体の〇・七〜一・〇パーセント程度が毎年アメリシウム-二四一に変わるため、ガンマ線の放出量が増える。

アメリシウム-二四一の増加は、原子炉に装荷した場合の炉心特性にも影響を与える。

表Ⅳ-4　原子炉級プルトニウムから放出される中性子数

プルトニウム同位体	含有量（%）	プルトニウム1gから1秒当たりに放出される中性子数	1kgのプルトニウム球の表面線量（mSv/時）
プルトニウム238	1	アルファ粒子起源：140 自発核分裂：30	66
プルトニウム239	55	アルファ粒子起源：25	9
プルトニウム240	22	アルファ粒子起源：37 自発核分裂：220	82
プルトニウム241	15	—	（ベータ線：18）
プルトニウム242	7	自発核分裂：119	22
合計		571	180（+18）

mSV：ミリシーベルト　高木仁三郎ほか著『MOX総合評価』（七つ森書館）より

③中性子による被曝

プルトニウムは二通りの方法で中性子を放出する。一つは質量数が偶数の同位体（プルトニウム-二三八、二四〇、二四二）の自発核分裂にともなうものである。もう一つはプルトニウムから放出されるアルファ線が酸素などの軽い元素にぶつかって反応を起こした結果放出されるものである。ＭＯＸ燃料では、プルトニウム-二四〇の自発核分裂による中性子の放出と、プルトニウム-二三八から放出されるアルファ線による中性子の生成がもっとも重要である。

加圧水型炉のＭＯＸ燃料一体に含まれる燃料の重量は約四六〇キログラムあり、そのうちプルトニウム全体が約四一キログラムである（ちなみに沸騰水型炉では一体の重量は約一七五キロキログラムで、含まれるプルトニウムは約七・五キログラム）。表Ⅳ-4を使えば、加圧水型炉のＭＯＸ燃料一体から毎秒二〇〇〇万個の中性子が放出されることがわかる。高度な遮蔽を施したとしても、ＭＯＸ燃料を取り扱う労働者への影響は避けられない。

ＭＯＸ燃料の軽水炉での使用の安全上の問題点

ＭＯＸ燃料をふつうの原発で燃やすことは、融点の低下、熱伝導度の低下、制御棒価値の減少、ボイドや減速材に関する反応度係数の絶対値の増加、遅発中性子割合の低下、中性子の平均エネルギーの高い側へのシフトなど、原発の運転に危険な要素を付け加えることになる。それぞれの影響が別々に現われているあいだには、それほど大きな問題にはならないかもしれない。しかし、実際の原発の運転中の異常事態発生には、いくつもの要素が絡んで現われる。最悪の場合、ウラン燃料だけを使用していた原発では避けられたようなケースでも、ＭＯＸ燃料を装荷していたために深刻な事故にいたることが十分考えられる。

ＭＯＸ燃料の使用経験は、二〇〇八年一二月末の時点での装荷実績でみると世界中で六〇〇〇体あまりであり、これはウラン燃料の装荷実績の一パーセントにも満たない。燃料集合体がらみのトラブルに限っても、ウラン燃料を使っている国内の原発でさえ、毎年数体の燃料集合体に放射能漏れが起きたり、燃料集合体の部品に変形や損傷が起きたりしている。

ＭＯＸ燃料の使用で大きな問題となるのは、燃料ペレットの不均一性である。燃料ペレットの中で、プルトニウム濃度の高い数十ミクロン程度のかたまり（プルトニウム・スポットと呼ばれている）が不均質に存在する。プルトニウムの含有量が多いかたまりで局所的に燃焼度が高くなり、出力分布に局所的な変化が生じる。さらに、出力異常などが起こったときに、燃料ペレット表面近くにプルトニウムのかたまりがあると、被覆管が容易に破損する恐れがある（ペレット‐被覆管機械的相互作用）。

図Ⅳ-3　使用済み燃料の発熱量

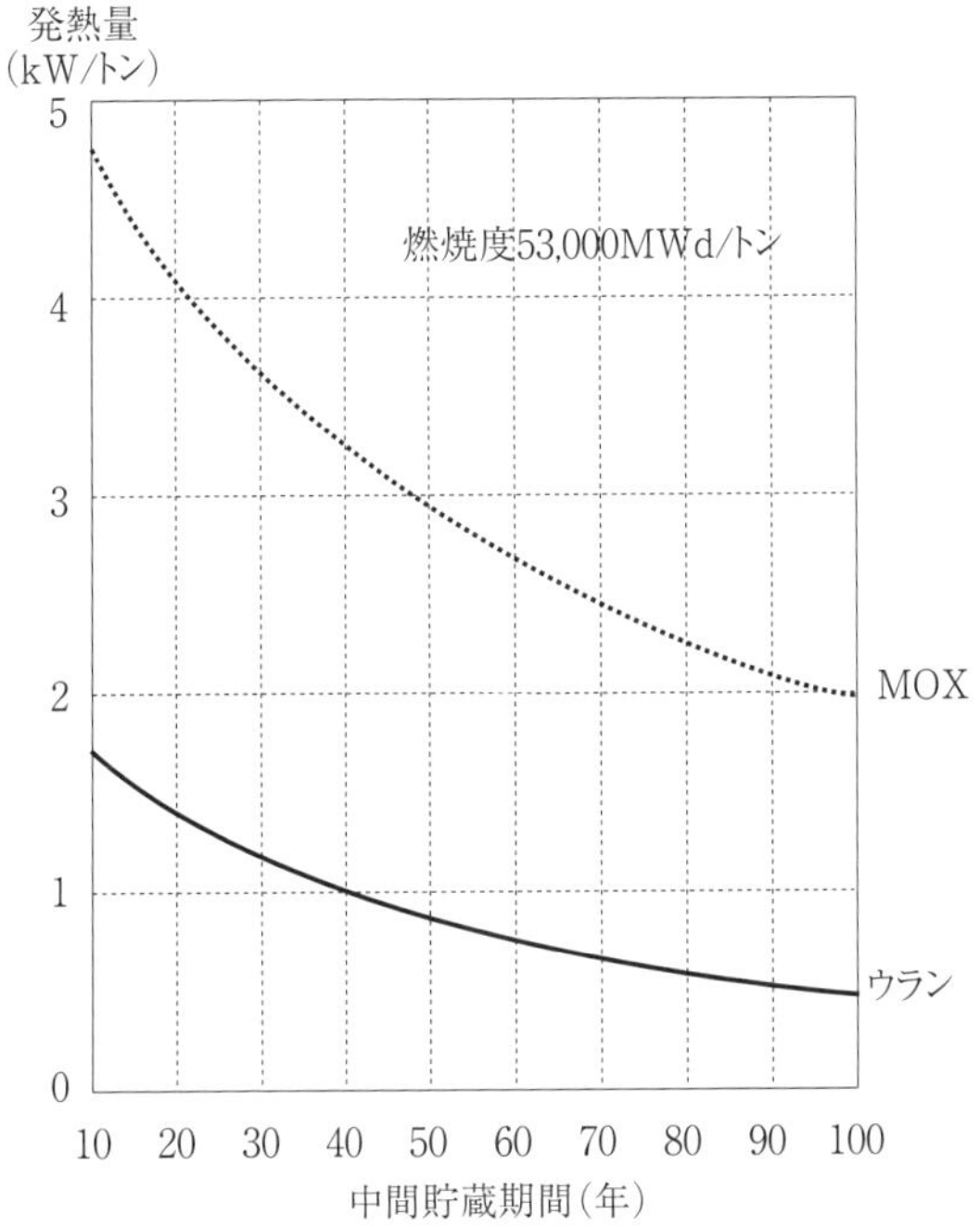

C・キュッパース+M・ザイラー『プルトニウム燃料産業』(七つ森書館)より

　ドイツの原子炉物理研究者であるR・ドンデラーは、「遅発中性子割合が減り、即発中性子寿命が短くなることによって、制御棒落下事故や冷却材の過冷却事故など、ある種の事故条件下での反応度の変化は、ウラン炉心より急激になり、中性子束の変化も加速される。この現象は、MOX装荷率、プルトニウム濃度、燃焼度の増加にともなって、いっそう強まる」と指摘し、MOX炉心は中性子の特性について、高速増殖炉の炉心にやや近づき、「出力暴走事故（炉心崩壊事故）の危険が無視できない」と警告している（高木仁三郎ほか著『MOX総合評価』七つ森書館）。

また、使用済みのMOX燃料は、放射線・発熱量ともウラン燃料よりずっと高く、取り扱いのやっかいな高レベルの放射性廃棄物である（図Ⅳ-3）。

①沸騰水型炉で起こりうる事故

沸騰水型炉にとってもっとも安全を脅かす要因の一つに冷却材のボイド反応度係数がよりマイナスになることがあげられる。ウラン燃料装荷時であっても、沸騰水型炉のボイド反応度係数はマイナスの値であり、たとえば冷却材の温度が上がって中の泡が増えると原子炉の出力が下がる方に働く。逆に、泡がつぶれると原子炉の出力が上がる。MOX燃料を装荷すると、泡が増えた時の出力の下降も、泡がつぶれた時の出力の上昇も急激になる。

沸騰水型炉のトラブルとしては、再循環流量調節弁が故障したり、再循環ポンプが誤始動することによって、再循環水の流量が増加することが考えられるが、このとき原子炉の出

図 IV-4　安全審査におけるプルサーマルの事故解析例
（タービントリップ，バイパス弁不作動ケース）

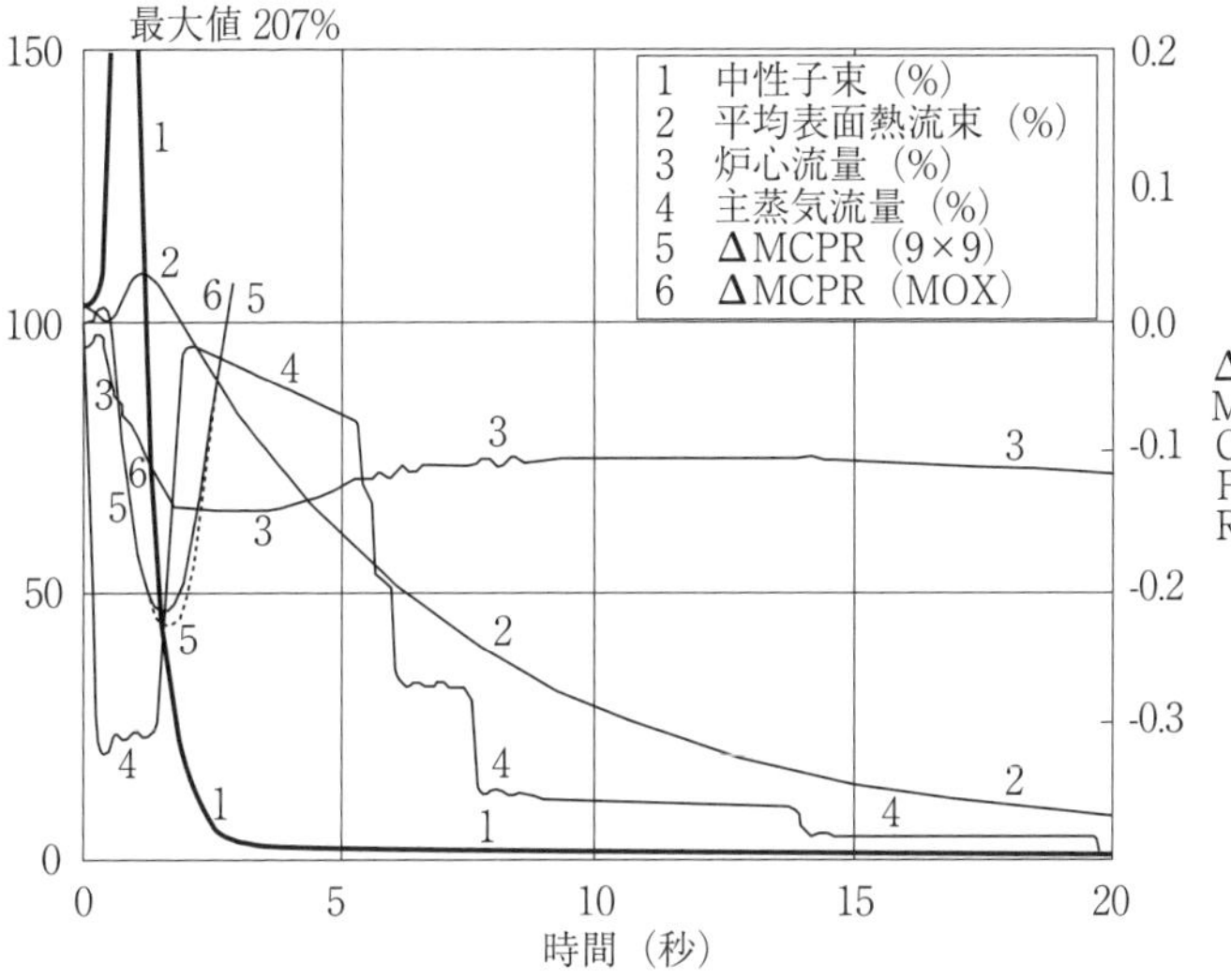

大間原子力発電所原子炉設置許可申請書より

力を上昇させる。この事故では、ウラン炉心であってもかなり深刻であるが、プルサーマル炉心ではより大きな影響をもたらす。

　主蒸気系のトラブルがきっかけで、原子炉の出力が急上昇し、出力暴走につながる事故の筋書きも十分考えられる。タービン発電機の緊急停止（タービン・トリップ、発電機トリップ）や主蒸気隔離弁の急速誤閉止によって、原子炉内の圧力が急上昇し、泡がつぶれれば出力の急上昇が起こる。

　タービン・トリップが起きてタービン・バイパス弁が作動しなかった場合には非常に大きな出力

上昇が起こる。大間原発の原子炉設置許可申請書に記載されている安全解析の例を紹介する。原子炉通常運転中にタービン出力四〇パーセント以上の状態で、送電系統の故障により、発電機が停止し、タービンの負荷が遮断されると、タービンがオーバースピードになって破損するのを避けるため、蒸気加減弁が急閉止してタービンへの蒸気を止める。通常ならタービン・バイパス弁が開いて行き場のなくなった蒸気を復水器へ放出する。しかし、タービン・バイパス弁が開かなかった場合には、原子炉内の圧力が急上昇するため、冷却材中の泡がつぶれ原子炉出力が上昇する。

全部で八七二体の燃料集合体のうち三六一体以上のMOX燃料を装荷したケース（サイクル末期）がもっとも厳しい結果が出ており、タービン・トリップから〇・七秒付近で中性子束が二〇七パーセント（二・〇七倍）にまで上昇している（図Ⅳ‐4）。

解析計算（図Ⅳ‐5）では蒸気加減弁が急速閉止開始まもなく制御棒が挿入されて事態は収束する結果になっているが、制御棒挿入が遅れると大規模な燃料破損などが発生しうる。また、タービンの出力など、事故発生時の状況によっても結果は大きく変わりうる。

②加圧水型炉で起こりうる事故

加圧水型炉で出力異常をもたらす異常事象としては、一次冷却材ポンプや蒸気系の弁の

図Ⅳ-5　全MOX炉心と全ウラン炉心の炉心安定性比較
減幅比が小さいほど安定

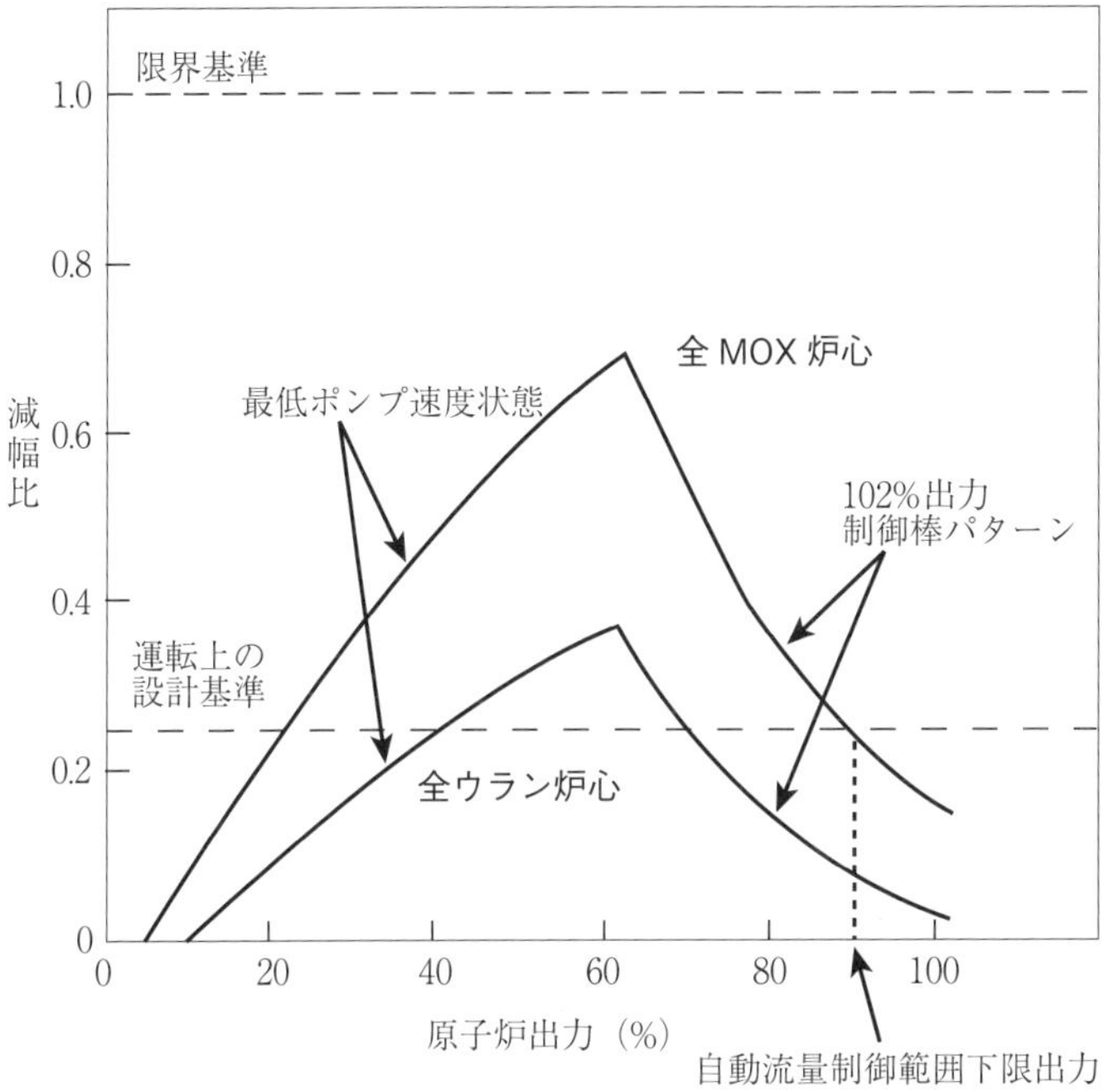

大間原子力発電所原子炉設置許可申請書より

誤操作で炉心に急激に冷水が注入される場合や、圧力逃し安全弁などの誤操作や蒸気発生器の不具合により、一次系ないしは二次系が異常減圧を起こす場合などが考えられる。MOX燃料が装荷された加圧水型炉では、冷却材温度係数、減速材密度係数がマイナスの側により大きくなるため、これらの異常事態時には、ウラン炉心より大きい反応度の添加が起こり原子炉出力の急上昇につながる。

このような異常事象の

なかでもっとも深刻なものは主蒸気管の破断であろう。伊方三号炉の安全解析に記載されている主蒸気管破断について紹介する。原子炉が温帯停止中に、主蒸気管が破断する事例について検討しよう。主蒸気管が破断した場合、一次系冷却材温度が急激に下がり、炉心に温度の低い冷却水が大量に注入されるために大きな正の反応度が添加される。外部電源が正常に働いているケースでは、主蒸気管破断から約一七秒後に臨界に到達する。安全解析では、約五八秒後にホウ酸水が注入されはじめ、約六四四秒後にようやく未臨界を達成することになっているという計算機による結果が示されている。

加圧水型炉ではある極限的な条件下ではボイド反応度係数が正になることがすでに知られているが、R・ドンデラーは、通常運転の範囲であっても、MOX燃料集合体の周囲という局所的な範囲で正の反応度を持ちうることを指摘している。プルトニウム濃度が増加するにつれて正のボイド係数を持つ傾向が明確になるという。

燃料の部分的な過熱やガス状の核分裂生成物の炉内への放出によって局所的に泡が発生した場合には、出力上昇が起こり、燃料破損や炉心の冷却能力不足が生じる可能性がある。

プルサーマルで大事故が起こったら

MOX燃料をふつうの原発で燃やすことによって、事故のきっかけとなる新たな要因が加わり、原子炉の不安定さの程度も増すため、ウラン炉心の原発では深刻な事故にならなかったような異常事態が、重大な事故につながる可能性がある。チェルノブイリ原発事故のような巨大な事故の可能性も高くなる。

ＭＯＸ燃料を装荷した原発の巨大事故による災害評価の一例として、電気出力八二・五万キロワットの沸騰水型炉である東北電力の女川原発三号炉で事故が起こった場合を紹介する。

原子炉を通常運転中に、緊急炉心冷却系の作動が必要な異常事態が発生したにもかかわらず、これらがすべて働かないような事故のシナリオを想定する（そのような現象として、たとえば、大きな地震が起きて再循環系配管が破断してしまうケースなどが考えられるかもしれない）。原子炉が空だきになり炉心が熔融する。熔融した燃料が原子炉の底に落下し、残っていた水と反応して大きな水素爆発を起こす。これにより、原子炉および格納容器が大破し、熔融した燃料のかなりの部分がガス状ないしは微粒子となって大気中に放出される。

放出される放射能は炉内貯蔵量のそれぞれつぎのような割合とした。

希ガス：一〇〇パーセント、テルル：七〇パーセント、ヨウ素、ルテニウム：五〇パーセント、セシウム：四〇パーセント、ストロンチウム：五・〇パーセント、ランタノイド：〇・五パーセント、アクチノイド：四・〇パーセント

表Ⅳ-5　プルサーマルの事故災害評価（女川原発３号炉）

被曝線量（シーベルト）	致死リスク	原子炉からの距離	
		ウラン炉	プルサーマル炉
2.50	100パーセント	35.1km	66.2km
1.25	50	58.6	110.1
0.25	10	182.9	332.3

筆者作成

放出された放射能を吸い込んで体内に取り込んだことによる内部被曝を計算した。とくに、プルトニウムの放射能毒性の特徴は体内に非常に長くとどまることによるものであるから、五〇年間の預託線量という量を計算し、晩発性の健康影響を評価した。注意したいのは、五〇年間の預託線量を計算しているが、被曝することはプルトニウムを吸い込んだ時点で決まってしまい、ほとんど逃れるすべがないということだ。

計算結果をウラン炉での事故評価と比較して、表Ⅳ-５と図Ⅳ-６に示す。

表中のウラン、プルサーマルの欄に記載されているのは、それぞれの被曝線量を受けることになる地点の原子炉からの距離である。致死リスクの計算にはＪ・ゴフマンが提唱する集団被曝の致死リスク、一万人シーベルトあたり四〇〇〇人死亡という値を用いた。

地図では、女川原発から仙台市へと風が吹き抜けるケースを示した。いずれの被害レベルにおいても、プルサーマルの方がウランより距離が二倍程度にのびていることがわかる。

図Ⅳ-6　プルサーマルの事故災害評価（女川原発３号炉）

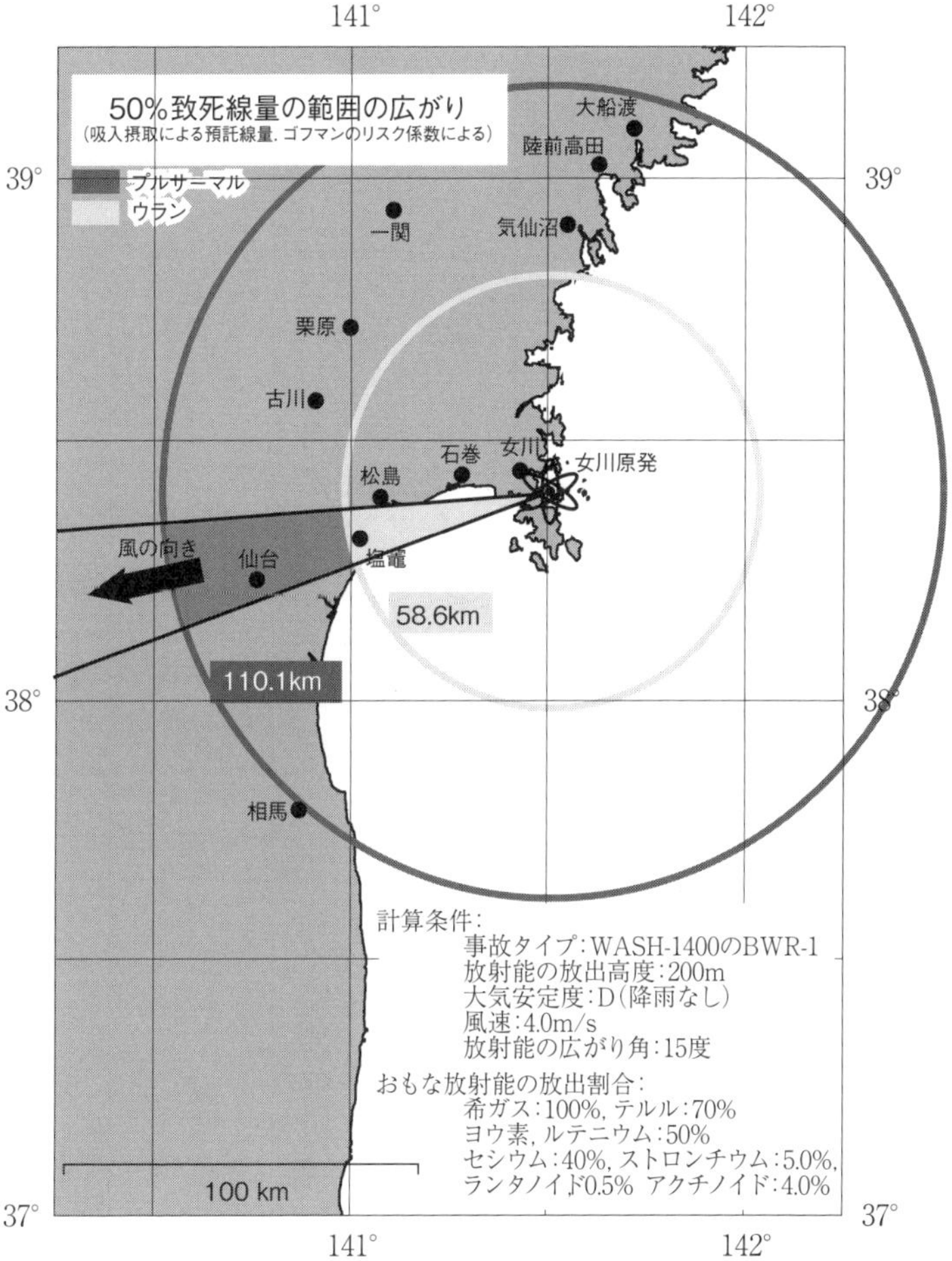
141°
142°
39°
38°
37°
50%致死線量の範囲の広がり
（吸入摂取による預託線量，ゴフマンのリスク係数による）
プルサーマル
ウラン
大船渡
陸前高田
気仙沼
一関
栗原
古川
石巻
女川
女川原発
松島
仙台
塩竈
風の向き
58.6km
110.1km
相馬
100 km
計算条件：
事故タイプ：WASH-1400のBWR-1
放射能の放出高度：200m
大気安定度：D（降雨なし）
風速：4.0m/s
放射能の広がり角：15度
おもな放射能の放出割合：
希ガス：100%，テルル：70%
ヨウ素，ルテニウム：50%
セシウム：40%，ストロンチウム：5.0%，
ランタノイド0.5%　アクチノイド：4.0%

これは、長期の内部被曝が心配されるプルトニウム、アメリシウム、キュリウムなどの核種の炉内貯蔵量が、プルサーマルの炉心ではウラン炉心に比べて、五〜一〇倍程度に増えるからである。

電力会社や政府が行なっている安全解析では、いまだに格納容器が破壊されるような深刻な事故を想定していないこともあり、プルトニウムが大気中に放出されるケースをきちんと解析していない（原子力安全委員会が制定した「プルトニウムを燃料とする原子炉の立地評価上必要なプルトニウムに関するめやす線量について」という安全審査指針に準ずる報告書がある。もんじゅや六ヶ所再処理工場には適用され、不十分ながらプルトニウム被曝に関する評価を行なったが、炉心の三分の一までにＭＯＸ燃料を使うプルサーマルや、全炉心にＭＯＸ燃料を使う大間原発では適用が回避されている）。

プルサーマル語録

◎プルトニウムは減るのがよいこと

プルサーマルが着実に進めば、国内の再処理工場で回収する以上のプルトニウムを利用することになると考えられ、我が国が国内及び海外において保有するプルトニウムの総量は減少する傾向になると考えられます。（原子力委員会『核燃料サイクルについて』二〇〇三年八月）

◎再処理をするからプルサーマルが必要に

なぜプルトニウムを使うのかについては再処理するからであり、なぜ再処理するかについては……再処理工場は一〇〜一五年に一基しか造らないもので、再処理は着実にしっかり育てていかなければならない。再処理をやればプルトニウムが出てくるが、昔は高速増殖炉実証炉、原型炉、ふげん、残りをプルサーマルとの組み合わせがあった。しかし、そのようなバランスで使うという事情が変わってきた。その中で、プルトニウムを確実に使うということで、軽水炉で燃やす計画が進んでいる。（榎本聰明＝東京電力常務・原子力本部長、二〇〇〇年五月一六日原子力委員会長期計画策定会議第二分科会）

◎プルサーマルが主役になった理由

プルサーマル計画を中心にした核燃料サイクルを政府が推進しようと決めたのは、一九九七年のことです。一月に原子力委員会が核燃料サイクルについて具体的施策を決定したのに続いて、政府は「プルサーマル計画を中心とする核燃料サイクルを推進する」と閣議了解を行いました。それ以前はどちらかといえば、再処理で生産されたプルトニウムは高速増殖炉など新型炉を「主」、軽水炉でのプルサーマルを「従」としてその用途を宣伝していたように思います。電力会社としてはプルサーマルを技術の面でも実用化準備はしていましたが、政府としては高速増殖炉計画が遅れていること、新型転換炉（ＡＴＲ）からの撤退を決めたことなどにより、プルトニウム利用は当面は軽水炉でのＭＯＸ燃料利用が中心となるとの判断をしたのだと思います。（宅間正夫＝日本原子力産業会議副会長、『知ってナットク原子力』電気新聞ブックス）

◎正直な広報？

プルサーマルって言ってみれば「再生紙」みたいなものなんです。……せいぜい再々利用までがいいところで値段も案外安くないけれども、資源の有効利用のシンボル的存在であるところが「再生紙」に似てますよね。（東芝原子力事業部原子力企画室『ＶＯＩＬＡ』第一九号）

◎プルサーマルの経済性は問うだけ野暮
一文の得にもならないがこれも国策。（二〇〇五年九月一三日付電気新聞「デスク手帳」）

◎二〇一〇年までに一六～一八基？
一六～一八基は具体的な数字の積み上げじゃない。各電力会社が「できるかもしれない」という数字を足したものだ。新たな事業を進める上で大きな目標は必要であり、変更はしない。合理的な数合わせで負けているのは確かだが、目標を変えるのは、仕事に携わる者にとってショックが大きい。だから「不退転の決意でやる」と言い続ける。（田沼進＝電気事業連合会原子燃料サイクル事業推進本部部長、二〇〇九年三月一七日付デーリー東北）
※同年六月一二日、電気事業連合会は「二〇一五年まで」に延期。

◎電力会社の本音は
当社のプルトニウムバランスから考えて、伊方3号機の四分の一程度の使用で十分なので、伊方1、2号機での採用計画はありません。（四国電力ホームページ。二〇〇四年九月四日、伊方町での説明会「当日いただいたご質問と回答」）

V

誰もが損する核燃料サイクル

西尾漠

1　再処理工場の経済性

「バックエンドコストと今後のバックエンド事業」を特集した『日本原子力学会誌』二〇〇四年八月号で、ドイツ証券の圓尾《まるお》雅則ディレクターは言う。「資本市場という立場は、核燃料サイクルに対して決して賛成でも反対でもない。リスクに対して見合ったリターンを要求するだけのことである。逆にいえば、リターンに見合わないリスクを取ろうとする企業に対しては、資本市場からの撤退を何の遠慮もなく要求する」。「株主に対しては、原子力等の有する社会的意義等は全く意味を持たない。彼らの関心は、リスクとリターンの関係のみである。これが納得できないならば、株式会社であることをやめる以外に方策はないのである」。

とはいえ特集のほかの論文は、まさにバックエンド事業＝原子力発電の後始末事業の「社会的意義」を、当否は別としてひたすら強調することに終始している。それがまかり通るのは、日本が健全な資本主義国ではないからだろうか。かつて電気事業連合会の荒木浩会長・東京電力社長（当時）は、一九九八年一月二三日の記者会見で「国のエネルギー政策で原子力をやっているのだから、廃棄物も国が全責任を持ってほしい」と、当時の科学技術庁に申し入れたことを語っていた。そんな電力会社の甘えと、「いざとなれば国が助けてくれる」と安易に考える株主側の甘さが、リターンに見合わないリスクをこれまで肥大させてきた。

しかし、そうしたことが永遠につづくはずもない。いまこそ核燃料サイクルの経済的リスクを冷徹に見きわめ、資本市場からもどこからも撤退を迫るべきではないだろうか。

二〇〇一年八月二七日付電気新聞のコラム「観測点」で、匿名の筆者はこう指摘していた。「日本原燃の現在の経営ルールは、『原子力長期計画にうたわれているスケジュールにできる限り従って商業用再処理施設を完成させ、運転を開始すること』である。しかし、これは企業として本来あるべき経営ルールではない。原子力関係者の誰もが、現在六ヶ所村に建設中の再処理施設とそれに続くＭＯＸ燃料加工工場では、ウラン燃料や他のエネルギー源との競争環境下で、利益を出すことが不可能なことを暗黙のうちに理解している」。

一九兆円の請求書

「一九兆円の請求書」。意表をつく表題の「怪文書」が霞ヶ関界隈に出回っている――『週刊朝日』二〇〇四年五月二一日号の記事「『上質な怪文書』が訴える『核燃料サイクル阻止』」の書き出しだ。文書は、経済産業省の官僚が作成し、国会議員らに説明が行なわれたという。六ヶ所再処理工場がウラン試験に入り、放射能で汚れてしまう前に撤退させようと、同省の村田成二事務次官（現＝新エネルギー・産業技術総合開発機構理事長）が自ら仕掛けたとの説まである。

二〇〇七年七月六日付電気新聞の「記者ノート」が「電力関係者は政府関係者にこんな打診を受けた。『業界の方から再処理を断念すると言って欲しい』。この関係者は『とんでもない』と言い捨てて席を立ったそうだ」と書くのも、この二〇〇四年はじめのころのことだろう。同年三月三〇日付東奥日報には、こうあった。「『経産省内部に再処理を止めようという勢力がある。しかも、傍流や末端の職員ではなく中枢の官僚たちだ。国が前面に立ち「国策を変える」と言うのなら分からないでもないが、「電力業界が青森県を説得すべきだ」と言っているので困惑している』と電力関係者」。

そんな話が出てくるのは、もちろん、電力会社の側でも撤退を望んでいたからである。二〇〇六年三月三〇日付の東奥日報は、青森県幹部の発言をこう紹介している。「『青森では、再処理事業推進に不退転の決意で望む―と宣言しておきながら、東京に戻った途端、舌の根も乾かぬうちに再処理凍結論を言い出す』と県幹部は国や電力への不信感を隠さなかった」。

そもそも再処理の商業化には電力業界は当初から消極的で、政府に強要されてやらざるをえなくなったことを、伊原辰郎著『原子力王国の黄昏《たそがれ》』（日本評論社）は詳述している。それなのに「業界の方から」とはなにごとか、と電力関係者は怒ったのだろう。

六ヶ所再処理工場が事業指定を受けたのは一九九二年一二月二四日のことだが、「長年にわたる関係者特に電力側の喜びはさこそと思われ私も祝意を述べた」という島村武久元原子力委員は、しかし「不思議なことにこの人達の間には左程の嬉しさを感ずることは出来ない」「関係者は欣喜雀躍《きんきじやくやく》していると思われるのに、むしろ不安と困惑の情が見られるのは何故だろうか」と首をひねる（一九九三年二月二〇日付『原子力政策研究会レポート』）。

そして、こう答えていた。「研究施設でなく商業施設となると経済性がどうであるかは揺るがせにできない。とてつもなく高いコストになるというのでは商業用とは言えない。いかに核燃料サイクルの完成という国の方針だからとか、電力料金への跳ね返りは国で見て貰えるからといっても電力サイドとしても喜んでばかりはいられないであろう。コストの問題は将来に亘って長く続くのである」。

六ヶ所再処理工場の総費用

そのコストが、すなわち「一九兆円の請求書」である。これは、二〇〇三年一二月の総合資源エネルギー調査会電気事業分科会コスト等検討小委員会に電気事業連合会が報告した原子力バックエンドの総事業費が一八・八兆円とされていたことを根拠としている。ただし、それがすなわち六ヶ所再処理工場のコストではない。バックエンドとは、一般には、原子力発電の使用済み燃料が発生して以降の工程、すなわち使用済み燃料の貯蔵、処分あるいは再処理、回収ウランやプルトニウムの再加工といった各工程と、それらの工程から発生する廃棄物の処理処分工程、各工程の間の輸送の全体を意味するのだ。

いや、その前に、そもそも一八・八兆円が総事業費というわけでもない。ウラン燃料製造の一工程である濃縮に係る廃棄物の処理処分や施設の廃止措置の費用が含まれているのに、それなら同じように含められるはずの他の燃料製造工程の施設の、また原発の、廃棄物の処理処分費、廃止措置費には言及すらない。

中間貯蔵後の使用済み燃料にかかるコストは無視。さらに、二〇四六年度で原発が全廃される予定ででもあるかのように、四七年度以降に発生する使用済み燃料のコストも無視されている。回収ウランについても無視だ。また、海外での再処理費用は対象外とされている。原発の運転をつづければ、後始末の総費用は、とても一八・八兆円ではおさまらないだろう（図V‐1）。

それはともかくとして、電気事業連合会試算の前提となった想定スケジュール（すでに大きく遅れているが）に金額を載せると、図V‐2のようになる。試算では二〇四六年度までに発生する使用済み燃料のうち約三・四万トンが中間貯蔵されるところまでだったが、二〇

図V-1　電機事業連合会によるバックエンドコスト試算値

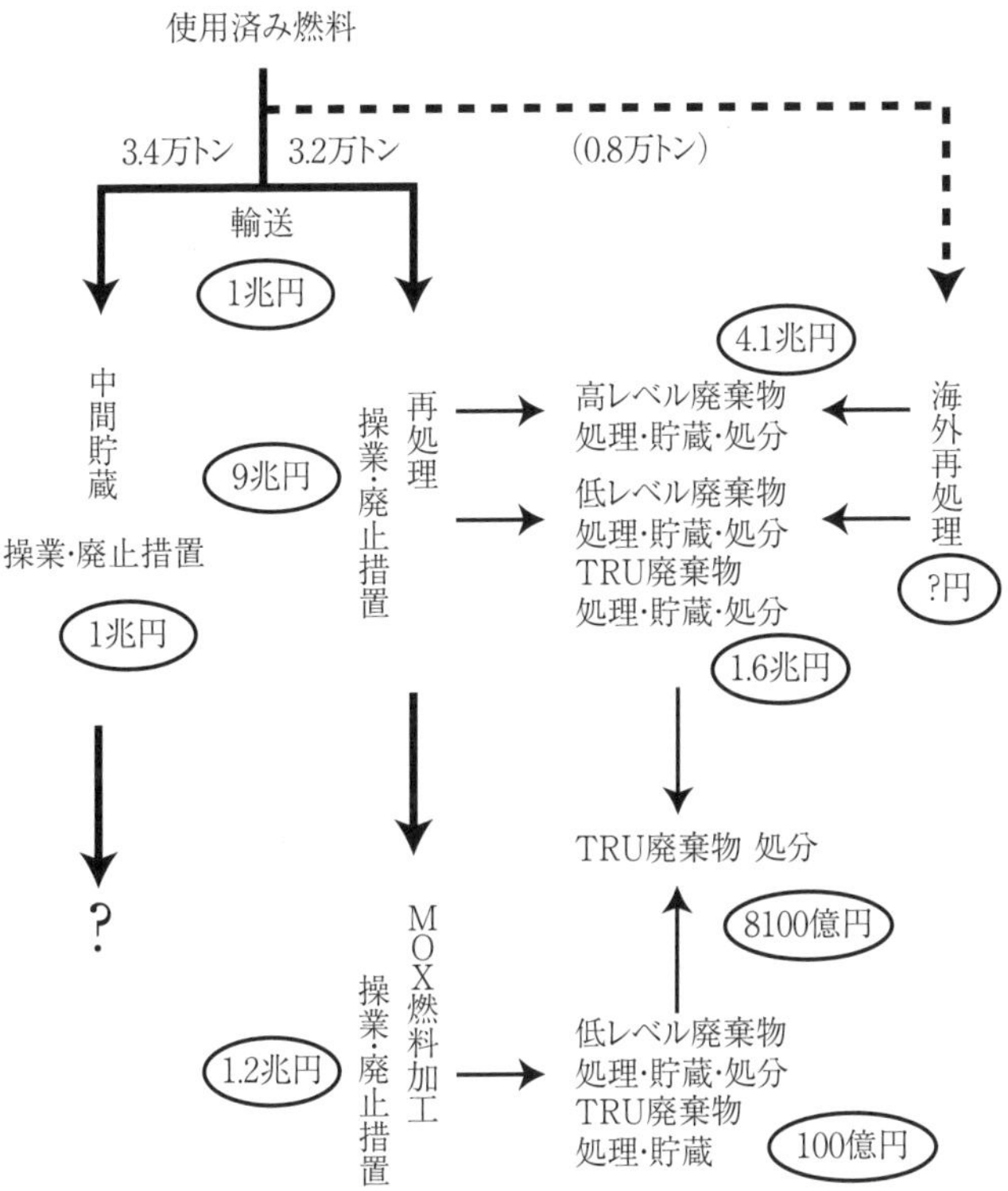

*ここでは再処理、MOX燃料加工の操業・廃止措置と、それに伴う放射性廃棄物の処理・貯蔵・処分を分けて記述している。

『はんげんぱつ新聞』2003年12月号より

〇六年一一月にこれも電気事業連合会が発表した「六ヶ所再処理工場の処理量を超える使用済燃料に係る再処理等費用について」により、いわゆる第二再処理工場の想定スケジュールと金額を最下部に加えている。

これら費用のうち、六ヶ所再処理工場に係る費用は一一兆七〇〇〇億円である（表V-1）。とはいえ、再びただし、ほんとうにこれで済むかどうかは、かなり怪しい。同工場の建設費は「本体操業費」に含まれているのだが、一九八九年三月の事業許可申請時には七六〇〇億円とされていた。九二年一二月に原子力委員会はそれを妥当と認め、内閣総理大臣が許可を出したのである。

ところが、二〇〇一年七月の事業変更許可申請時には、実に二兆一九三〇億円（うち五三〇〇億円はガラス固化体貯蔵施設西棟の建設費で「竣工後の施設の工事費」とされている）と三倍近くにふくれあがっている。かくも大きな誤算のあったこと自体、経理的基礎の審査がいかにいい加減に行なわれたかを示して余りあると思うが、それはともあれトラブルつづきで対策に追加のコストがかかり、また、竣工が遅れてさらに増えることは確実である。

コストはどんどんふくらむ

この竣工の遅れは再処理推進派の間で、こんな〝内ゲバ〟まで生んだ。

図V-2　核燃料サイクルバックエンド事業の想定スケジュールと費用

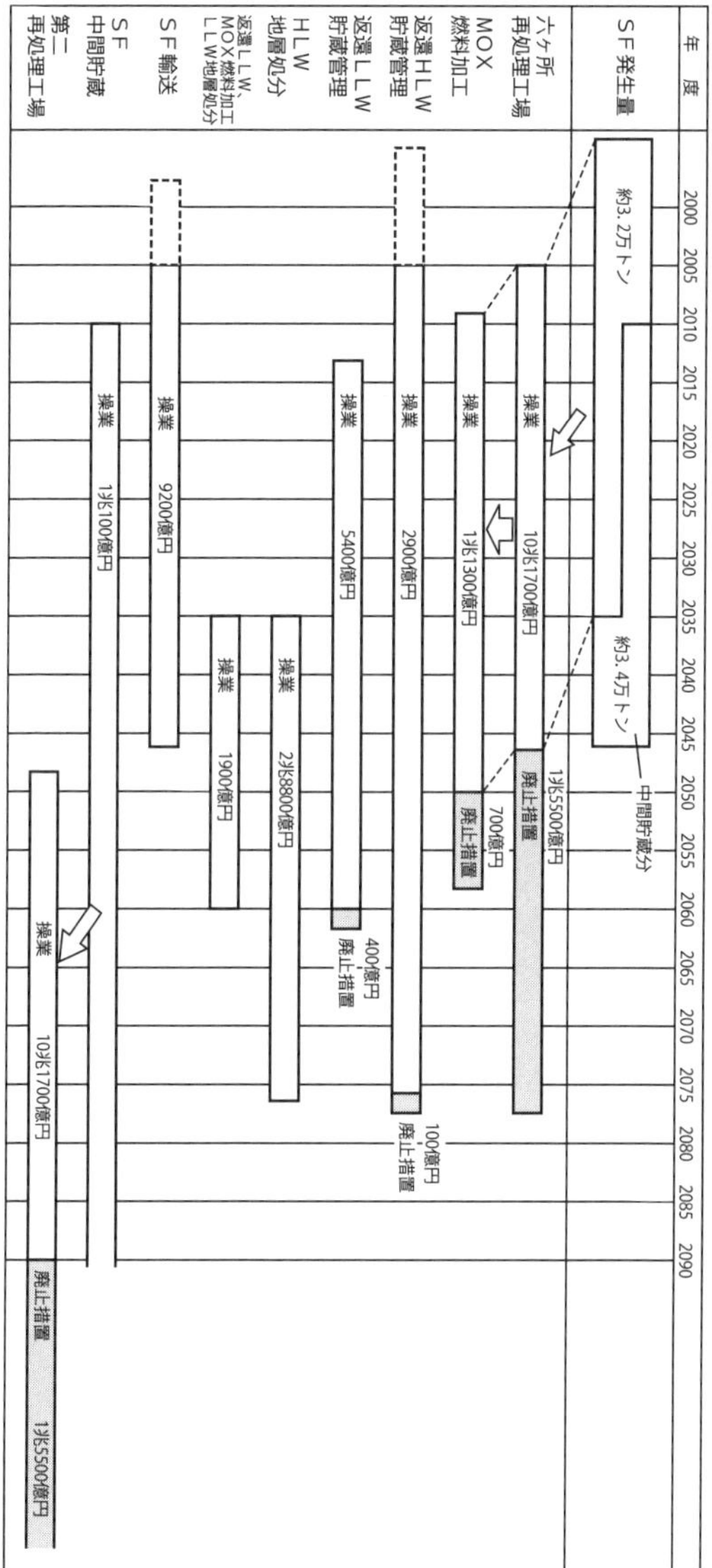

電気事業連合会資料より作成

金額は現在価格（割引率＝0%）
SF：使用済み燃料、MOX：ウラン・プルトニウム混合酸化物
HLW：高レベル放射性廃棄物、LLW：低レベル放射性廃棄物

「核燃料サイクルというのは非常に大きなもので、言ってみれば四〇年、五〇年ぐらいで原子力のバックエンドを安定に維持するという役割を負っている」「目標は二千数十年にあるわけですね。ということで、一年、二年で右往左往するのではなくて」「再処理工場が動かないということであまり大きく悲観的になる必要はないということであると思います」（山名元《はじむ》＝京都大学原子炉実験所教授——総合資源エネルギー調査会電気事業分科会原子力部会、二〇〇九年五月二五日）。

「先ほど山名委員が、再処理工場が遅れていることは悲観的になる必要はないとおっしゃいましたが、私はちょっと何を言っているのだろうと思いました。やはりプラントを遅らせるということは大変な損失になるのです。着工したらできるだけ早期に運転するのが、基本的にはプラントの経済性にとって最も大事なことになります。再処理工場は一九九三年に着工して、もう一五年たったのです。一五年たったということは、法定耐用年数に入ってきてしまったということで、そろそろ廃炉やリプレースという問題を議論するような時期になる可能性もあるわけです。そういうことを考えますと、これまでに三兆円近いお金を投入してきて、それが運転できないということは、その三兆円の中にも相当の税金が投入されているわけですので、やはりこれは国民の理解を得るには大変な問題になると思いますので、これは是非運転をして、国民に信頼ある技術ができたということを示していただきたいと思って

表Ⅴ-1 「再処理コスト11兆7,000億円」の内訳

●施設費用

	建設等投資額	運転保守費	その他諸経費	合計
再処理本体	2兆5,100億円	2兆9,000億円	1兆6,500億円	7兆600億円
ガラス固化処理	1,900億円	2,300億円	600億円	4,700億円
ガラス固化体貯蔵	3,100億円	2,300億円	2,000億円	7,400億円
低レベル廃棄物処理貯蔵	3,600億円	2,800億円	1,400億円	7,800億円
計	3兆3,700億円	3兆6,400億円	2兆400億円	9兆500億円

●操業廃棄物輸送・処分費用

	発生量（m^3）	測定費	輸送費	処分費	計
地層処分	13,060	9億円	800億円	5,900億円	6,700億円
余裕震度処分	13,215	9億円	800億円	1,600億円	2,400億円
浅地中コンクリートピット処分	24,175	15億円	200億円	500億円	700億円
計	50,450	33億円	1,800億円	8,000億円	9,800億円

●廃止措置費用

		処分量	費用
解体費			9,600億円
廃棄物処理費			3,200億円
廃棄物輸送費			1,000億円
廃棄物処分費	地層処分	640 m^3	300億円
	余裕深度処分	7,000 m^3	840億円
	浅地中コンクリートピット処分	37,000 m^3	740億円
	クリアランスレベル以下	520万トン	120億円
計			1兆5,800億円

※ガラス固化体の輸送・処分費用は含まない。同費用は、固化体4万本として輸送に1,900億円、処分に2兆8,800億円と見積もられている。

電気事業連合会資料より作成

おります。ウラン濃縮プラントのように、あまり稼働率が良くない状況で廃止されてしまうような状況にはならないことを是非お願いしたいと思います」（内山洋司＝筑波大学教授――同）。

面白がって、つい長々と引用をしてしまった。内山発言には興奮のあまりおかしなところもあるが、竣工が遅れればコスト高になることは常識と言える。二〇〇三年九月に操業開始の一年延期を発表した際、日本原燃の佐々木正社長（当時）は「記者団に対し、延期による増分のコストは約四〇〇億円との試算を示した」（九月二三日付電気新聞）。それからさらに四年以上の延期とされるいま、増分のコストはいかばかりなのだろうか。

なお、この再処理工場本体だけでなく、ガラス固化と固化体の貯蔵、放射性廃棄物の処理・貯蔵といった「竣工後の施設」や廃止措置もまた、同様に費用が増加する可能性が高い。約一二兆円というコストがどんどんふくらむことは必至と見える。

再処理単価は五億円？

さて、そうしてふくらんだ費用をかけて、どれだけの使用済み燃料を処理できるか、が次の問題だ。電気事業連合会の試算では、使用済み燃料は三万二〇〇〇トンを処理するという。すると、試算どおりの一一兆七〇〇〇億円でも、一トン当たりの再処理費用は約三億六六〇〇万円。これでもフランスやイギリスの再処理コストの三倍ほどになる。だが、この処理量は、毎年、処理能力いっぱいの八〇〇トンを処理すると想定する、とんでもない前提で導き出された量だ。つまり分子の費用は過小、分母の処理量は過大である。

八〇〇トンで四〇年などとは、ありえない。電気事業連合会のコスト試算は、当の電力業界・原子力産業界からさえ次のように評されている。

「試算はあくまで八〇〇トン／年という設備能力がフル回転した場合の計算で、低稼働となるケースを前提にしていない。高速増殖炉の実用化のめどが立たない中、軽水炉でのプルサーマル計画が動き出さなければ、再処理した後のウラン・プルトニウム燃料は行き場を失う。そうなれば再処理工場の稼働率もおのずと低下。赤字操業というリスクもつきまとう。さらに、四〇年の操業期間を考えるとトラブル発生による予定外コストが生じる可能性もある」（二〇〇三年一二月一日付電気新聞）

「再処理工場が、二〇〇九～二〇四六年まで、年間八〇〇トンでフル稼働を続けるとの困難な仮定条件も合わせると、今回のバックエンド・コストは、予測できる最低ラインの数字を見積もったと受け止めるべきかもしれない」（二〇〇三年一一月一三日付原子力産業新聞）

運転年数については、二〇〇三年五月一日付の東奥日報に「機器の耐用年数などから三〇年ぐらいではないか」とする日本原燃の説明もあった。

そもそも六ヶ所再処理工場を電力業界が建設しようとした際には、「海外再処理は高いから」が理由の一つだった。一九七九年六月に、民間企業を再処理の事業に参入させるため、原子炉等規制法という法律が改正された。法案を審議中の前年五月に衆議院科学技術振興対策特別委員会で行なわれた参考人質疑で、中部電力の田中精一社長（当時）は、海外の八〇〇〇万円に対して七〇〇〇万円でできると答弁している。

それが三倍にもなるというのだ。もっとも、使用済み燃料の輸送費に加えて、プルトニウム、ウラン、高レベル廃棄物、中低レベル廃棄物の保管料、返還輸送料まで考えると、海外委託が安いとも言えそうにない。それはそれとして、六ヶ所再処理工場の処理量が仮に六〇パーセントになったら（図Ｖ‐３にみられる東海再処理工場の実績よりは、はるかに高い）一トン当たりの費用がいくらになるかを試算してみよう。設備の利用率が下がっても、操業費は下がってはくれない。現実には、事故・故障等で利用率が下がる時には、むしろ修繕費等がかさむことになる。

しかしここでは設備の利用率と同じ比率で操業費も減るとしよう。そんな非現実的な想定にしても、結果はほぼ五億円になる。すでに一九九九年九月一三日付朝日新聞夕刊の連載「揺れる原子力／日本の選択」第二回には、「原子力関係者の間では『今後、建設が順調にいったとしても、使用済み燃料一トン当たり三億円以上になる』と、半ば公然と語られてい

図V-3　東海再処理工場の運転実績

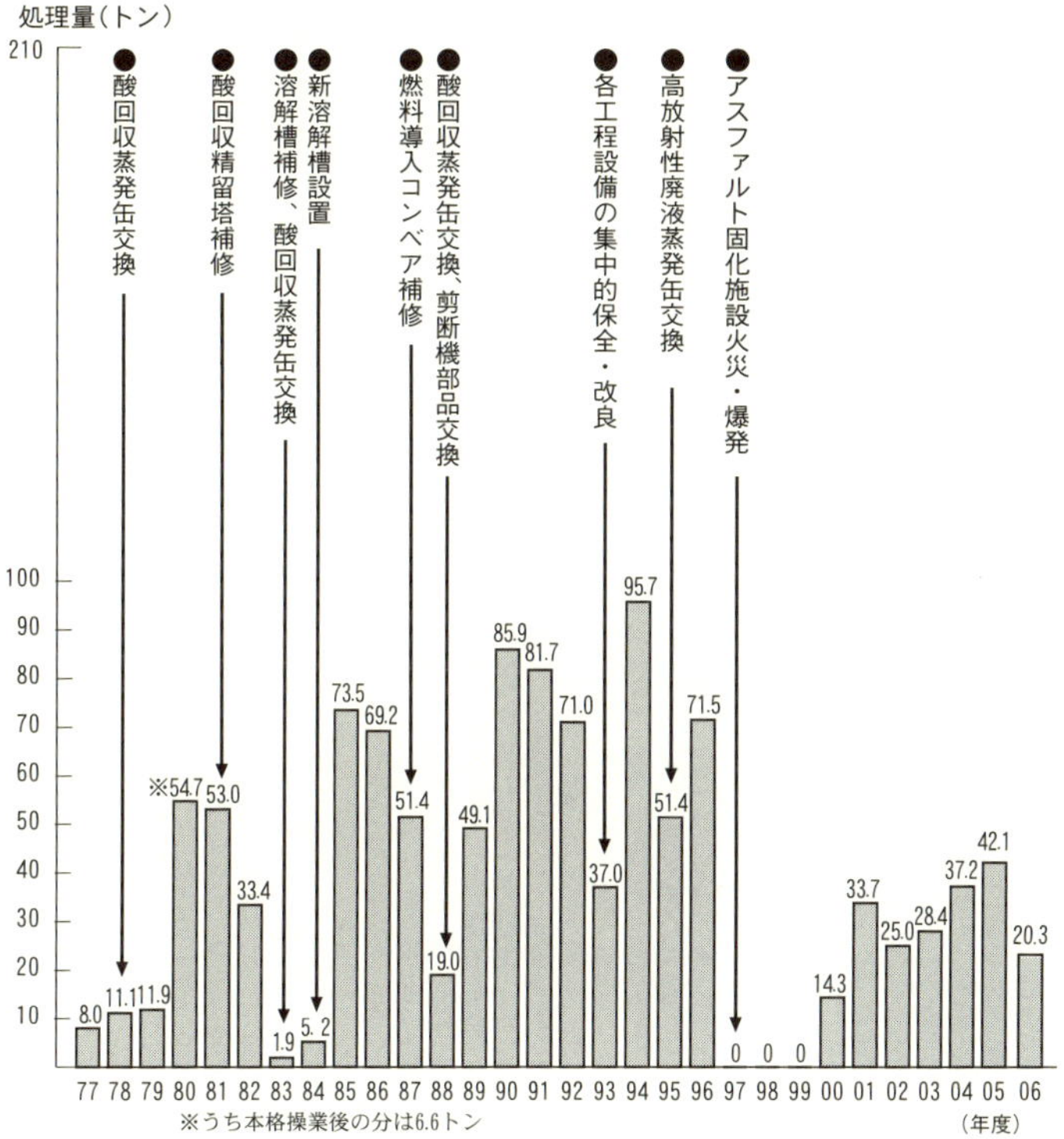

＊年処理能力210トンは操業開始当初の公称値（『原子力安全白書』ではなお210トン。
　他方、『原子力白書』では90トン）。いずれも定期検査で休む分はあらかじめ除いた能力。
＊電気事業者との契約に基づく再処理は2005年度で終了。以後は、「研究開発運転」。

原子力資料情報室作成

る。『一トン五億円』と、さらに高値を見込む関係者さえいる」と書かれていた。その記事の一年前の『プルトニウム』九八年夏号では、鈴木篤之東京大学教授（のち原子力安全委員長）が、「あくまで仮定の話ですが、私の試算では」として五億円ぐらいとする数字をはじいている。とても経済的に成り立つものではない。

コスト試算隠し

二〇〇五年一〇月一一日、原子力委員会は「原子力政策大綱」を決定した。その策定過程で初めて、使用済み燃料の直接処分と再処理の本格的なコスト比較が行なわれた。新計画策定会議が初会合を開いた二〇〇四年六月から間もない七月三日、マスメディアがいっせいにコスト試算の結果隠しを報じたのが発端である。

同年三月一七日の参議院予算委員会で、社民党の福島みずほ議員の質問に日下《くさか》一正経済産業省資源エネルギー庁長官（当時）は「日本におきましては再処理をしない場合のコストというのを試算したことがございません」と答えていた。ところが実は試算をしていた資料が現われて、虚偽答弁がたちまち露見した。

当時の総合エネルギー調査会原子力部会の核燃料サイクル及び国際問題作業グループの一九九四年二月四日の会合に、これも当時の通産省資源エネルギー庁による試算が出されて

表Ⅴ-2　再処理と直接処分のコスト比較（円/kWh）

		再処理	直接処分
フロントエンド	ウラン燃料	0.57	0.61
	ＭＯＸ燃料	0.07	—
バックエンド	再処理	0.63	—
	高レベル・TRU 廃棄物貯蔵処分	0.27	—
	使用済み燃料中間貯蔵	0.04	0.14
	使用済み燃料処分	—	0.19〜0.32
		1.6	0.9〜1.1

原子力委員会新計画策定会議技術検討小委員会報告書より

いたのだ。国内で再処理をする場合、直接処分の二倍前後のコストがかかるとの試算結果である。これを電力会社や動力炉・核燃料開発事業団（現＝日本原子力研究開発機構）の委員が、「積極的に公開するのはいかがなものか」「公表の仕方には配慮願いたい」などとして隠してしまった。

なかには、太田宏次中部電力副社長（当時）の、再処理コストについてのこんな発言まである。「もし、本当に発表され、それが非常に割高である場合サイクル事業が成り立たなくなるような数字が出てくる可能性がある」。

この試算隠しが明るみに出ると、すぐに続いて、科学技術庁や電気事業連合会でも同種の比較をしていたことが、相次いで公表されている。その時点で試算が公表され、きちんと議論されていたら、原子力政策の現状は違っていたかもしれない。コスト試算の結果が隠されてきた（試算の過程や根拠は今に至るも公開されていない）ことは、単に経済性のデータが隠されてきたのではなく、選択肢が隠されてきたことを意味するのである。

さて、この問題を受けて、前述のようにコスト比較が行なわれた。その結果を表V‐2に示す。比較を実施した新計画策定会議の技術検討小委員会報告書（二〇〇四年一一月）は、これに原発の建設・運転維持費三・六円を加え、発電コスト全体では再処理ケースが五・二円、直接処分ケースは四・五円～四・七円で大差なし、と薄めて発表した。さらに、直接処分ケースでは「政策変更コスト」が〇・九円～一・五円かかり逆転するとまで主張している。

さすがに「政策変更コスト」は原発推進者からさえ不評だったが、それ以上に姑息なのは、将来発生するコストの「割引き」だろう。再処理費用の半額は二〇三〇年から七六年まで、解体費用は二〇四七年から七八年までと先のことなので、金利によって資金が増えるとして金利分を割り引くと発電コストは安くなるのだ。何十年も先の当てにならない割引きをなしとするなら、他の試算値は正しいとして、再処理ケースは直接処分ケースより二～三倍高い。

動かし続けることは不可能

二〇〇二年二月八日付東奥日報の記事で日本原燃は、「再処理工場の減価償却は操業開始後一五年で終了し、その後は黒字に転換するものと見込んでいる」とコメントしているが、いかにも白々しく聞こえるだろう。ちなみに東海再処理工場の減価償却は当初、「建設投資約一七七億円と平準年度二一〇トンの操業による再処理料金収入をもってコストを回収するというものであった」(『動燃二十年史』)ところ、実際の建設投資は九〇〇億円を超え、平均四〇トン、最大でも九〇トンの操業しかできず、毎年、料金収入を上回る施設操業費が注ぎ込まれている。六ヶ所再処理工場が経済的に成り立たなくなることは、疑う余地がない。

そもそも竣工にたどりつけるかどうかすら危ぶまれているのが現状だ。先に見た電力業界・原子力業界のコスト試算への不安・不信の裏にあるのは、計画そのものの破綻がありうるということ、というよりその蓋然性が高いということにちがいない。

仮に六ヶ所再処理工場の操業を開始することはできても、動かしつづけることは不可能だと、誰もが考えている。プルトニウムの需給からも事故の予想からも、低稼働ないし稼働中断は確実だ。そうなると、投下コストの回収は、とてもおぼつかない。操業が中止されたり長く止められたりするような大きな事故には見舞われずにすんだと仮定しても、六ヶ所再処理工場は、やはり高い設備利用率を期待できない。

二〇〇二年四月に開かれた青森県の原子力政策賢人会議の席上、原子力委員会と資源エネルギー庁への質問に対する文書回答が配布された。その中で原子力委員会は、「プルトニウムの保有量が増えることに、世界の目は必ずしも温かくない。それをどう考えるか」との質問に、「プルトニウム利用計画を明らかにした上で、再処理を実施していくことが必要である」と答えている。

その回答には、日本原燃による「補足」があり、そこには次のように記されていた。「日本原燃株式会社としては、国の方針に沿い、各電力会社と協議の上、透明性を確保しながら計画的に再処理を実施していく所存であり、その方策について検討を進めているところである」。「計画的に再処理を実施」とは、事実上、フル操業を続けることはないとの言明だ。

いずれにせよ、六ヶ所再処理工場が経済的に成り立たなくなることは、疑う余地すらない。電力会社が逃げ出したいと思い、事業者の日本原燃すら放り出したくなるのも、無理はないだろう。

電気事業連合会の太田宏次会長・中部電力社長（当時）が二〇〇一年二月、青森市での記者会見で「核燃料サイクル事業は、将来国営になっているかもしれない」と述べたのも、国に引き取ってほしいという願望の現われ以外のなにものでもない。電力会社の幹部は「そんなに再処理したければ、国が直営でやればいいのではないか」と言い（二〇〇四年一一月一四日付読売新聞）、原子力委員会の近藤駿介委員長は「民間の電力会社が再処理事業をやると決めた以上、原子力委員会がやめろという筋合いのものではありません」と逃げを打つ（『日

図V-4　再処理施設の運転期間と総事業費

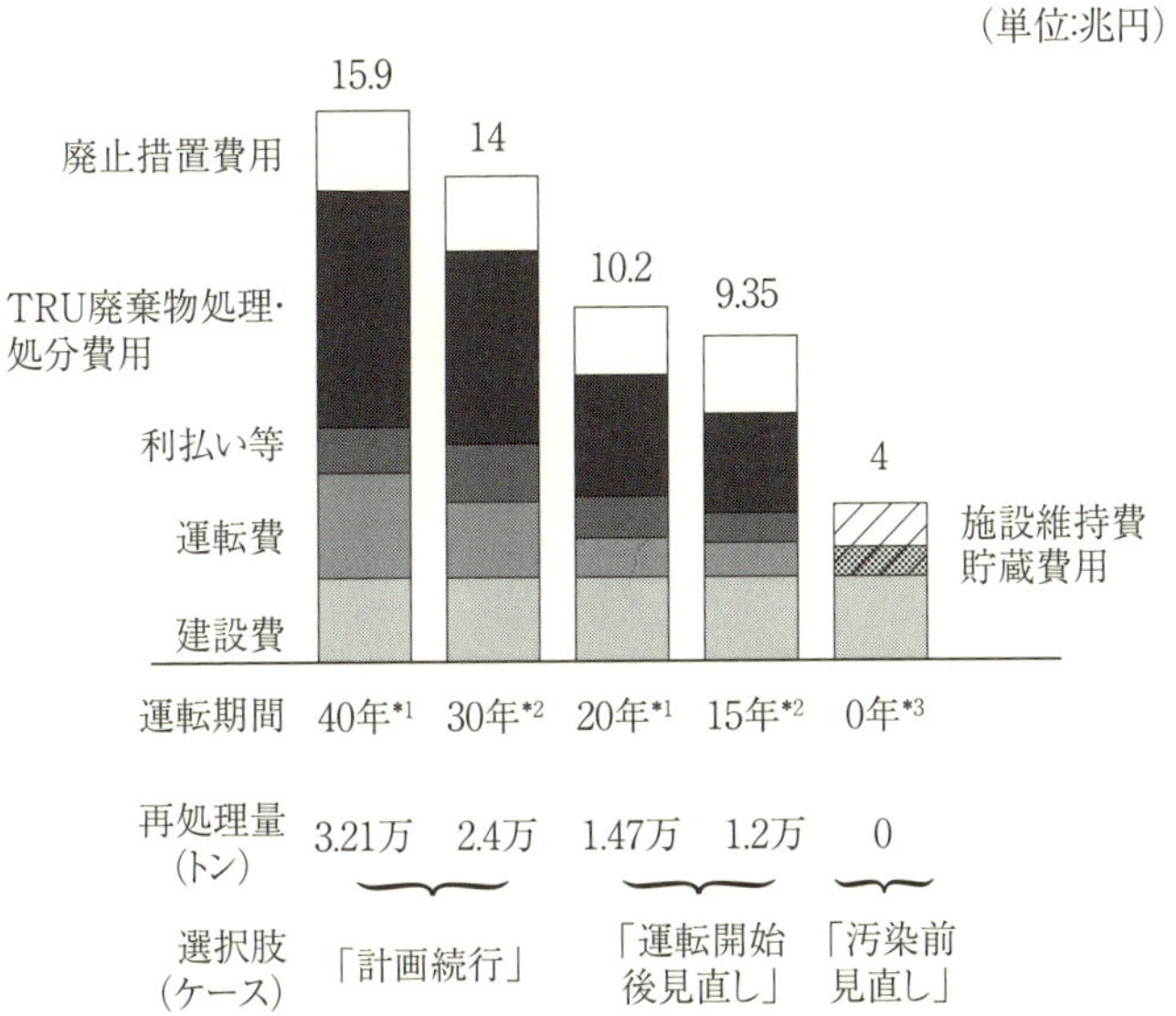

*1　「エネルギーフォーラム」2003年7月号による
*2　原子力未来研究会試算（「原子力eye」2003年9月号）
*3　構想日本エネルギー戦略会議試算

『論座』2003年12月号より

経エコロジー』二〇〇四年八月号）――それが再処理なのである。

　ならば後戻りするに越したことはない。政策研究シンクタンク「構想日本」の加藤秀樹代表と構想日本エネルギー戦略会議は『論座』二〇〇三年一二月号で「核燃再処理見直しは施設汚染前の今しかない」と訴えた。

　そこに示された「再処理施設の運転期間と総事業費」（図V‐4）から明らかなのは、たとえ汚染後であっても、早く後戻りすればするほどコストは小さくてすむということだ。

すべてのツケは地元に

再処理事業が日本原燃の命とりになるとすれば、青森県や六ヶ所村の経済にとっても望ましいものではありえない。青森県は、使用済み燃料一キログラム当たり、受け入れ時に一万九四〇〇円、貯蔵中は一三〇〇円としていた核燃料物質等取扱税（日本原燃に課税）のうち、貯蔵中の税率を六倍超の八三〇〇円に引き上げる同税条例の改正を県議会に提案し、二〇〇九年一〇月九日に可決された。竣工の遅れで受け入れ量が減るのをカバーし、毎年一〇〇億円を超える税収（図V－5）を維持しようというものである。

しかしいずれ、これが計画倒れとなることは、火を見るより明らかだ。竣工ができ、固定資産税が入るようになっても、年を追って減額していくし、会社が破産すれば途中で止まってしまうことすらありえる。再処理工場の固定資産税や核燃料物質等取扱税をあてにしていたら、県経済の破綻は免れない。

核燃サイクル阻止一万人訴訟原告団の山田清彦事務局長が著書『再処理工場と放射能被ばく』（創史社）で言うように「電源立地交付金も魅力でしょうが、青森県の第一次産業の年間生産高約二〇〇〇億円に比べれば低いのです」。

図V-5　青森県の「核燃料物質取扱税」の収入の推移

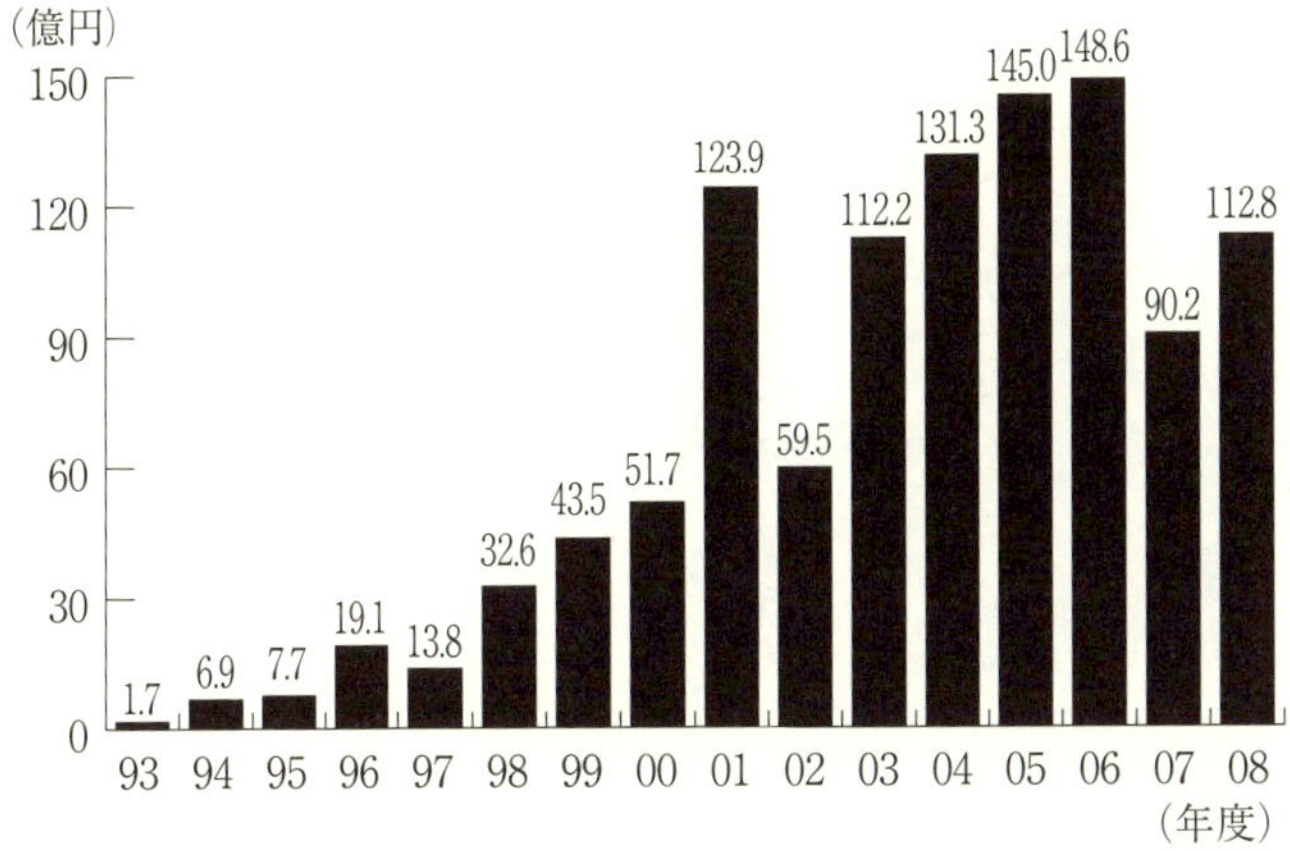

青森県資料より作成

大事故の場合には、青森県の救済にまではお手がまわらないことは確かで、早めに地域経済のあり方を見直しておくほうが得策ではないか。

「あくまで仮定だが、もし政府が原発政策を見直し再処理計画を放棄したらどうなるか」と、「関西電力の改革の行方」を追った二〇〇三年七月三日付日経産業新聞の記事で木ノ内敏久記者は問い、自らこう答える。「関電の再処理の将来費用引き当ては五千億円を超えており、電力業界全体では使用済み核燃料を一時保管する中間貯蔵施設の建設費用を除いても、数兆円単位のお金が宙に浮く計算になる」。

青森県の蝦名武副知事は二〇〇四年五月二日付の東奥日報で、再処理を見直すなら「核燃料税を年間一千億円に引き上げ、十年間払ってもらう、というような方法も考えなくてはならない」と語っていたが、その支払いだってできそうだ。

「永田町と青森県政界の総合案内人を務めて下さった」と「三村申吾氏とスタッフの皆さま」に謝辞が記されている高村薫の小説『新リア王』（新潮社）では、三村氏と同じく後に青森県知事になる参議院議員「福澤優」にこう言わせている。「核燃料サイクルが来ても、原発が来ても、未来がないことは誰よりも地元自身が知っているのだ」。そして、いとこの通産官僚「福澤貴弘」には、「二十年先のことは知らないが、少なくともいま現在は原子力利用を推進する国の方針があり、協力する自治体への手当ても確実に実行される」とのせりふが、また、父親の衆議院議員「福澤榮」には次のような述懐が与えられた。

「かつて、ときどきの経済状況のせいで夢と消えたむつ製鉄やフジ製糖が地元に残したのは無残な工場廃墟だったが、もしも核燃料サイクル事業が夢半ばで撤退したあかつきに残るのは、放っておけば土に帰る鉄筋コンクリートの残骸では済まない」「もしも壮大な核燃料サイクル事業の将来が確約されたものでないということになれば（中略）下北はいつの日か戦後の原子力政策の行き詰まりの、すべてのツケを払う土地になるということだった」。

「原燃では将来的に六ヶ所周辺を『原燃城下町』のように育てたい意向」（二〇〇七年三月二二日付電気新聞）と殿様気分だが、殿の失政のツケは限りなく大きい。

2　高速増殖炉の経済性

次に高速増殖炉の経済性について見たいのだが、同じ調子で書いていくのもつまらない。もう三〇年近く前の一九八二年六月二七日に福井県敦賀市の気比公民館で開かれた高速増殖原型炉「もんじゅ」をめぐる住民ヒアリング（官製の公開ヒアリングに対抗したもの）の席での経済性に関する筆者の発言を再録しながら、その後の情報を追加するというのは、どうだろうか。［］内が追加情報である。

＊

ここに「もんじゅ」の「設置許可申請書添付書類の一」というものがあります。動力炉・核燃料開発事業団［現＝日本原子力研究開発機構］が国に提出した「原子炉の使用の目的に関する説明書」です。

「本高速増殖炉もんじゅ発電所は、高速増殖炉を我が国において一九九〇年代に実用化するため、実証炉、実用炉にいたる原型炉を自主開発することにより、その設計、製作、建設、運転の経験を通じて、高速増殖炉の所期の性能、安全性、信頼性、運転性の見通しを実証するとともに、経済性が実用炉の段階で在来の発電炉に対抗できる目安を得ることを目的として建設する」と書かれています。

経済性の問題にしぼって考えます。「もんじゅ」の建設費。これは、計画当初は三六〇億円と見積もられ、つい最近まで一六〇〇億円と言われていました。いまでは公称で四〇〇〇億円。メーカーの見積もりでは一兆円を越すとのことです［最終的な公称値は五八八六億円とされている。運転費を加えた総額は、表Ⅴ－３に示す文部科学省のまとめによれば、二〇〇九年度までで九〇三二億円］。

軽水炉では一一〇万キロワット級で四〇〇〇億円と言いますから、一キロワットあたりの建設単価は三六万円。二八万キロワットの「もんじゅ」は、建設費が四〇〇〇億円なら単価が一四三万円で軽水炉の約四倍。一兆円なら単価が三六〇万円で軽水炉のちょうど一〇倍となります［五八八六億円だと二一〇万円］。

これでは、わざわざつくって動かすまでもなく、すでに結論は出ていると言ってよいでしょう。「将来の実用炉の段階で在来の発電炉に対抗できる目安」など、得られようはずもありません。

ふくれあがる建設費

建設費の高騰は欧米でも同様。西ドイツの原型炉カルカーは、この一〇年間に当初見積

表V-3　高速増殖炉開発にかかった費用　　単位：億円

	2006年度までの累積決算額（a）			2009年度までの所要経費（b）
	設計・建設等	運転・維持等	計	
原型炉「もんじゅ」	5,860	2,212	8,073	9,032
実験炉「常陽」	310	1,302	1,612	1,728
関連研究開発				6,161
MOX燃料製造施設	523	1,738	2,261	1,699
計	6,693	5,253	11,946	18,620

a：福島みずほ参議院議員の質問主意書に対する政府答弁書（2008.4.8）より算出。
b：福島みずほ参議院議員の資料請求に対する文部科学省の回答（2009.10）より。
aとbの金額に不整合のある点は未解明。

もりの三・三倍の建設費となり、アメリカの原型炉クリンチリバーも、四・六倍に上昇しています。どちらも、今後さらに高騰するだろうといわれています［どちらも、けっきょく建設中止となった——Ⅵ章参照］。

日本の「もんじゅ」の建設費は、実はこれら欧米の炉の建設費の予測に合わせて見積もられてきたのですから、これからまだまだ上がるかもしれません。ご承知のように、「もんじゅ」の建設が計画されている白木地区（福井県敦賀市）は、陸海ともに交通の難所で、建設期間の長期化は必至。その分だけ確実に建設費は高くなります［一兆円を超すと建設費を見積もっていたメーカーが値下げに応じたのは「いつまでたっても動燃は価格を上げない。このままでは契約、建設の時期がますます遅れてしまうわけですよ」「メーカーはその期間、損をするだけですよ」と焦ったぎりぎりの決断だった、と前出の伊原辰郎著『原子力王国の黄昏』はメーカー幹部の言を

図Ⅴ-6　もんじゅの建設費見積もりの推移

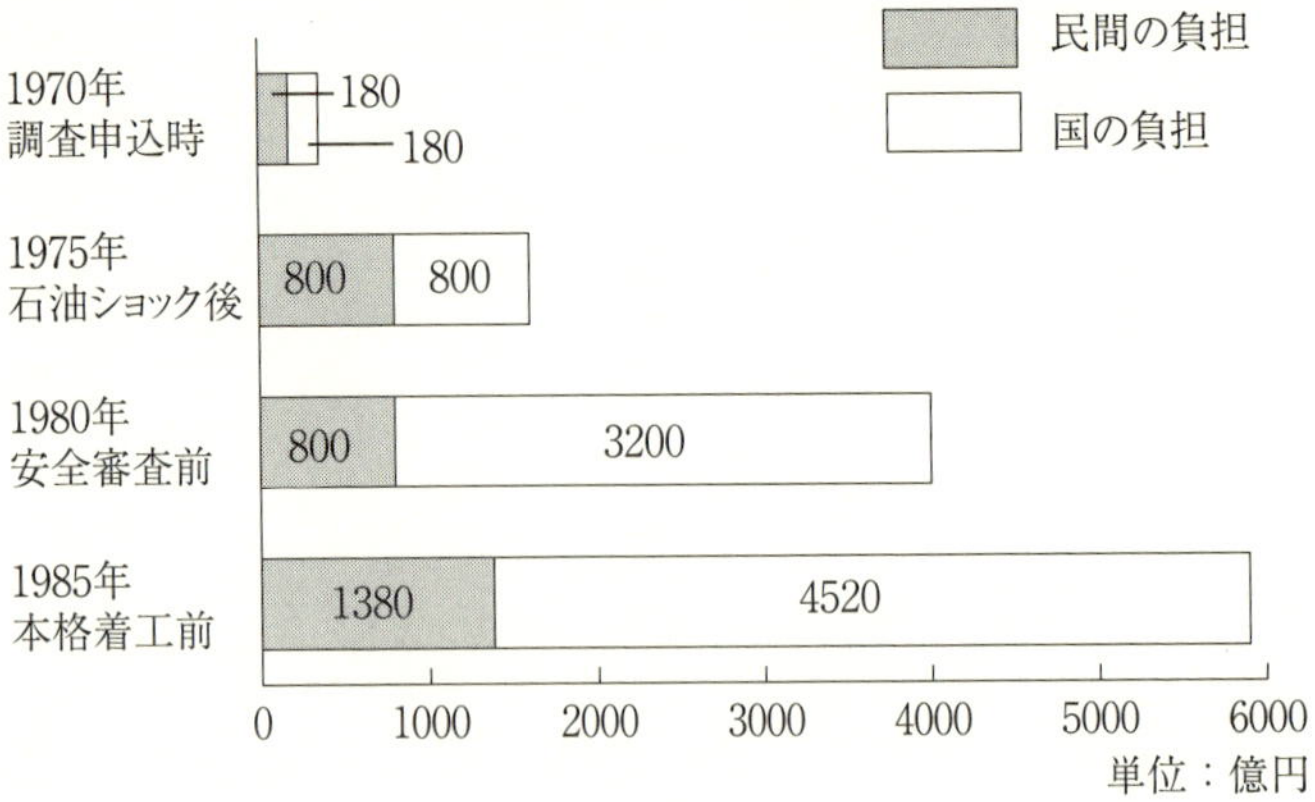

原子力資料情報室調べ

紹介していた。その決断もいまや水の泡である」。

　これは、単に「もんじゅ」建設の目的が経済性の面ですでに破綻していると言ってすむことではなく、その結果は、すべて国民の負担として押しつけられてきます。

　「もんじゅ」の建設費が三六〇億円といわれたころには、これを国と民間で折半して負担することとされていました。一六〇〇億円にまでふくらんでも、仕方なしに八〇〇億円ずつ折半とされました。

　ところが四〇〇〇億円になって、民間の八〇〇億円は「これ以上出せない」として変わらず、国の負担分が三二〇〇億円と四倍になっています「一九八五年一月に五九〇〇億円に引きあげられた際、民間側も負担増を余儀なくさ

表V-4　高速増殖原型炉「もんじゅ」総事業費

	1980	81	82	83	84	85	86	87	88	89	90	91	92	93	94	95
建設費	122	182	219	229	327	469	625	650	699	700	531	363	298	262	211	
運転費										15	45	155	207	224	206	232
（運転費内訳）																
運転・維持管理費										15	45	155	207	224	206	232
原因究明・総点検関連費																
改造工事費・信頼性向上関連費																
長期停止設備点検関連費																

	96	97	98	99	2000	1	2	3	4	5	6	7	8	9	10	合計
建設費																5,886
運転費	192	173	119	105	97	106	120	122	108	126	220	191	181	204	233	3,379
（運転費内訳）																
運転・維持管理費	173	134	99	91	85	86	83	77	72	64	84	88	103	140	181	
原因究明・総点検関連費	19	39	20	14	12											
改造工事費・信頼性向上関連費						5	20	30	16	32	36	28	39	7	13	
長期停止設備点検関連費						15	17	16	20	29	101	75	38	57	38	

※四捨五入により、一部合計の合わないところがある。
※2005年度以降は運営費交付金推計値を含む。

文部科学省資料より作成

れ、厳しい交渉の結果、国が四五二〇億円、民間が一三八〇億円で落ち着いた。［図V‐6、表V‐4］。

国というのは、要するに税金でということです。民間といってもその大部分は公共料金である電気料金が財源で、けっきょくは国民の負担となりますが、それにしても、当初見積もりを超えた分を税金でまかなうとは、とんでもない話です［税金にはちがいないが、財源は、電力会社が消費者の電気料金から納める電源開発促進税。電力会社としては自ら出しているのと変わらない。そこで『エネルギーフォーラム』一九八五年一月号の座談会で、当時の豊田正敏東京電力副社長は、むしろ自ら出資するほうがよいと言い出すのである。民間でなら「研究開発もムダがないように進める」と］。

それでもなお経済的にひきあわないとすれば、安全性のほうにしわ寄せをするしかありません。実験炉の「常陽」についても、メーカー側と動燃事業団とのあいだで価格の折り合いがつかずに、安全性を切り詰めた設計変更をしているのです［八五年二月の「もんじゅ」建設費の見積もり変更の際にも、安全確保のための機器のいくつかが設置取りやめになった］。

いま、建設費についてのみ見てきましたが、運転費ももちろん、高速増殖炉のほうが軽水炉より高くなります［「もんじゅ」は、電気代だけで一日約二〇〇〇万円］。それから、経済性を左右するもっとも重要な因子は設備利用率ですが、その実績はどうでしょうか。

世界中で原型炉が動いているのはイギリス、ソ連、フランスの三国。イギリスのPFRは、蒸気発生器からのナトリウム漏れなどで、臨界以来の累積利用率はわずか七パーセントにすぎません。ソ連のBN‐三五〇も、「水とナトリウムとの反応による白煙が立ち上るのが、アメリカの人工衛星によって確認された」(高木仁三郎『プルトニウムの恐怖』岩波新書)といわれる七三年の事故など数度のナトリウム漏れを起こしており、利用率はかなり低いでしょう〔PFRは一九九四年に廃炉となった。累積利用率は一九・八パーセント。BN‐三五〇は一九九九年に閉鎖。利用率は不詳。なお、一九八〇年臨界のロシアの原型炉BN‐六〇〇は、営業運転開始後の一九八二年から二〇〇八年までの累積で七三・五パーセントと、高速増殖炉では異例の高稼働だが、これは、トラブル部分を隔離して運転を継続できるようにしているからで、一九九三年三月八日付の電気新聞は「安全性に対するフィロソフィーの違いも感じさせる」と評している。二〇〇九年九月にパリで開かれた国際会議「グローバル2009」で、フランス電力公社のカマルカ特別顧問は「商用プラントの稼働率は少なくとも八〇パーセント以上でなければならない」と述べたという〕。

つい先ごろ(八二年四月二二日)、やはりナトリウム漏れで、ナトリウムが火を噴いたと報道されたフランスのフェニックスは、それでも比較の上では順調に動いているほうですが、非常に高価な蒸気発生器を使っていて、経済的にはまったくひきあわず、次の炉へのステップとしてのデータにならないと言われます［フェニックスも二〇〇三年以降は三分の二の出力で運用されるようになり利用率は低下、〇九年で廃炉となった。一九九九年に廃止された実証炉スーパーフェニックスの利用率はわずか一・五パーセントだった」

ウランの有効利用になるか

高速増殖炉の経済性というとき、プルトニウムを取り出すことが前提にあることは、言うまでもありません。そのためには、頻繁に炉内の燃料を抜き出して、再処理をする必要があります。

しかし、一九八一年三月期の決算から電力会社が再処理費用を計上しはじめたことに示されるように、軽水炉燃料の再処理ですら、そこで取り出されるプルトニウムの価値より再処理費用のほうがケタちがいに大きいことがはっきりしてきました。

かつては、プルトニウムの価値のほうが高いとして、費用には計上されていなかったのです。ところが、そうでないことがはっきりしました。まして、はるかにめんどうな高速炉燃料の再処理においてをやです。

大事故ともなれば経済性も何もないということになりますが、そこまで考えずとも、高速増殖炉の経済性の破綻は目に見えています。

それではなぜ、高速増殖炉の開発がすすめられるのでしょうか。プルトニウムを増殖することでウランの有効利用となる、という回答がなされるのですが、はたしてほんとうにそうなのでしょうか。

プルトニウムは余っている、というのが現実です。先に紹介した「もんじゅ」の設置許可申請書添付書類では、高速増殖炉が実用化される時期を一九九〇年代としていました。八一年六月に原子力委員会が改定した「原子力の研究、開発及び利用に関する長期計画」では二〇一〇年以降とされ、それもおよそあてにならない、というのが実情です［二〇一〇年三月現在では、二〇五〇年ころとされている］。

アメリカでは、実用化の目途を二〇二五〜二〇三五年としています。イギリスでもドイツでも、あるいは高速増殖炉最先進国フランスでさえ、計画は軒並み遅れています［各国とも撤退――Ⅵ章参照］。

「三〇年後に実用化」という、そっくり同じことを、三〇年前にも言っていたのですから、いつ実用化ができるやらできないやら、まったく予測はつかないわけです［高速増殖炉が実用化すれば、ウランの資源量が六〇倍になるとかとよく言われるが、かつて動燃の高速増殖炉開発本部に籍を置いていた古橋晃核物質管理センター技術参事（当時）は、『原子村』一九九七年春・夏合併号で、それは「『準静的』モデルでの話」と言い、「現実のFBRに課せられる使命は、有限期間内の『動的』なものである」として、「多くて数倍」「一ポイント何倍といった値にしかならないかもしれない」と指摘する。高速増殖炉サイクル実証プロセス研究会（文部科学省、経済産業省、電気事業連合会、日本電機工業会、日本原子力研究開発機構の実務者と学識経験者で構成）は二〇〇九年七月二日に「核燃料サイクル分野の今後の展開について」をまとめ、二〇五〇年ころに高速増殖炉が実用化しても軽水炉からの移行には六〇年以上かかるとした。それだと何倍になるのだろうか」。

増殖はできるのか

高速増殖炉がほんとうにプルトニウムを増殖するのかも、大いに疑問です。

高速増殖炉を運転するためには、はじめに相当の量のプルトニウムが燃料として必要です。再処理をひんぱんに行なっても、もとの燃料のプルトニウムの二倍のプルトニウムが生まれるまでには、現状で五〇~六〇年、将来の理想ケースでも二〇~三〇年かかります。これで増殖の意味はあるでしょうか［高速増殖炉の運転により、自身の消費量に加えてもう一基を新たに動かすだけのプルトニウムをつくり出すまでの時間を「倍増時間」という。五〇~六〇年、あるいは二〇~三〇年というのは、単純に原子炉の中で燃やした量の二倍に増えるまでの時間だが、実際には再処理や燃料加工といったサイクルに乗せてやるために、ロスなどもふくめて余分なプルトニウムが必要となる。それらを考慮に入れると、とてもそんな短い時間にはならない。

一九九三年五月二三日にＮＨＫが放映した「ＮＨＫスペシャル　プルトニウム大国・日本」では、倍増時間は九〇年と某電力会社のメモにあるのが示された。これに対し当時の動燃はこう反論した。「サイクル倍増時間九〇年とした場合でも、一〇基導入されていれば九年後に一基を追加導入することが可能となる」。つまり一基だけからでは、もう一基分はつくれないのである」。

しかも、経済性とのかねあいで、フランスのスーパー・フェニックスでは、一号炉の増殖率一・二五（「もんじゅ」は一・二）に対し、計画中の二号炉の増殖率は一・〇五と、理想ケースとはむしろ逆向き。日本でも「もんじゅ」のつぎの実証炉は増殖率を一・〇五〜一・一程度にということになりそうです「その後、プルトニウムを増やすどころか、むしろ燃してしまうことに重点を置いた開発にと、流れは変わってきている。「高速増殖炉」はほとんど死語となり、「高速炉」に変わってきた。「焼却炉」といった言葉まで使われている。ちなみに日本国内では経済産業省がまだ「高速増殖炉」にこだわっており、「高速炉」でよしとする文部科学省と対立しているとか。ともあれ日本では、実用化から一〇年ほど後には一・

○三程度に低減すると考えられているようだ」。

けっきょく増殖されるのは――室田武さん流に言えば――やっかいな放射能だけ、ということになります。

第二の「むつ」

そこで、軽水炉燃料の再処理、プルトニウム・ウラン混合燃料の成型、その使用済み燃料の再処理、さらに放射性廃棄物の処分などをふくめた高速増殖炉のエネルギー収支は、技術上の難点をも反映して、確実にマイナスとなるでしょう。

大まけにまけて、遠い将来、プラスになると仮定しても、高速増殖炉といえども要するに発電所。「もんじゅ」申請書の言い方を借りれば「発生エネルギーは電気に変換される」だけですから、つまるところは、たいへんなむりをしてエネルギー需要のほんの一部をまかなうにすぎません。

経済性も必要性も破綻しているのがはっきりしていながら、なお国家予算、すなわち税金がつぎこまれる原子力開発のでたらめさの生きた見本が原子力船「むつ」ならば、「もんじゅ」が第二の「むつ」になることは間違いありません［と、ここでは「むつ」を失敗の象徴としているが、たとえば『原子力白書』を見れば、「むつ」は「実験航海を成功裏に完了した」らしい。その成果を活かして原子力船が実用化したわけでもなく、むしろ実用化計画は雲散霧消していても、彼らの間では成功なのである。とすれば、いまなぜむりをして「もんじゅ」を動かそうとするのかがわかる。事故で止まったままなら失敗だが、ともかく一度動かせば成功に化けるのだ。その成果を活かして高速増殖炉の実用化の目途がつくわけでなくとも、なおかつ成功ということになるのだろう。「むつ」の二の舞いは、その意味で彼らにとっても既定路線なのかもしれない」。

この場合、単に役に立たないものに大金をかけるというより、もっと大きな危険があることは何度でも強調しておきましょう。ひとつは、地元では申し上げにくいことですが、大事故の危険性を考えざるをえないこと。そしてもうひとつは、核兵器に直結していく危険を否定できないことです。

＊

高速増殖炉の非経済性は、三〇年も以前から明らかだった——と、よく理解されよう。最後に二〇一〇年はじめという現時点での高速増殖炉実用化の経済性について見ておく。

高速増殖炉実用化の経済性

二〇〇六年八月八日、総合資源エネルギー調査会電気事業分科会の原子力部会が「原子力立国計画」を決定し、同計画は直ちに経済産業省の名で発表された。計画自体が言うように「原子力発電に特有な投資リスク」がある中、電力会社が原子力に背を向けるのを何とかおしとどめるために「国策」を強調した苦肉の命名が「原子力立国計画」である。その中で高速増殖炉の実用化に電力会社の参画を求めている点に、電力会社が逃げ出したがっている事情こそが透けて見える。

『原子力ｅｙｅ』二〇〇六年五月号の座談会「『原子力政策大綱』具現化への挑戦」で、日本原子力研究開発機構の岡崎俊雄副理事長（のち理事長）が言うように、「電気事業の皆さま方からは、『今までのような規模を維持していくのは非常に難しい。お金も人もできたら縮小したい』という声が聞かれ」ていたのだ。

「原子力立国計画」は、次のように言う。「高速増殖炉（ＦＢＲ）サイクルは、エネルギーの安定供給（ほぼ無限のエネルギー供給）及び放射性廃棄物の大幅な削減といった大きな国民的利益を有する一方、世界的に数十年間運転してきた実績を持つ軽水炉に比べて著しく未成熟な技術であることから、商業ベースでの導入リスクは極めて大きい。また、電力自由化により、電気事業者がとれるリスクは、従来と比較して大幅に縮小している。このようなＦＢＲ導入による国民的利益の大きさと電気事業者各社のとれるリスクの大幅な縮小に鑑みれば、ＦＢＲサイクルの開発においては、国の関与とそれに見合った役割分担が求められる」。

その上で官民の資金分担は、こう定められた。「軽水炉発電相当分のコストとリスクは、民間事業者が負担することを原則とするのが適切である」。

日本原子力研究開発機構と日本原子力発電のＦａＣＴプロジェクト（ＦＢＲサイクル実用化研究開発）では、経済性の目標として、次の三点を掲げている。

「発電原価：ライフサイクルにおける不確実性を考慮して、ＦＢＲによる発電原価が国内外の次世代軽水炉等の競合する電源と匹敵すること」

「投資リスク：国内外の次世代軽水炉及び関連するサイクル施設と比較して、大きな投資リスクがないこと」

「外部コスト：国内外の次世代軽水炉及び関連するサイクル施設と比較して、大きな外部コストがないこと」

燃料サイクル単価としては、一トン当たり三・四億円（再処理一・八億円、燃料製造一・六億円）以下というのだが、先に見たように軽水炉の再処理でも三〜五億円になるのだから、実情とはあまりにかけ離れていよう。一〇年あまり前の一九九七年四月一五日、当時の動燃は、第三回の原子力委員会高速増殖炉懇談会に「ＦＢＲ燃料サイクルの経済性について」という資料を提出したが、そこでは「現状技術レベルにおいてＦＢＲの核燃料リサイクルを実現したと仮定すると、燃料製造単価は軽水炉の約五倍、再処理単価は軽水炉の約四倍と算定され」ていた。

3　プルサーマルの経済性

プルサーマルは経済的に成り立つのか、とは聞くもおろかな問いである。

一九九九年末に資源エネルギー庁が行なった電源別の発電コスト試算では、ウラン燃料の製造費が一トン当たり八〇〇〇万円、MOX燃料の製造費は二億六〇〇〇万円と、MOX燃料の製造費が三・二五倍に設定されていた。二〇〇三年末に電気事業連合会がバックエンドコストを算出した際には、MOX燃料の製造費は二億七〇〇〇万円とされた（このときは、ウラン燃料については記載なし）。

再処理の費用を抜きにして燃料製造費を比べただけでこれだけの差があるのだから、プルサーマルがコスト高であることは誰も否定のしようがない。というか、差はそれだけではなさそうだ。

MOX燃料の値段

核のゴミキャンペーンのさとうみえさんが、ほぼ同じ時期の輸入ウラン燃料と輸入MO

表Ⅴ-5a　貿易統計から見た輸入核燃料の価格（1）

炉型	燃料種別	輸入年月	原子炉名	集合体数	質量	価格	1体当たり単価	1kg当たり単価
PWR	ウラン燃料	1998.7	大飯1号	16体	10,704kg	18億9,961.7万円	1.2億円	18万円
		1999.6	高浜3号	16体	8,366kg	16億1,864.1万円	1.0億円	19万円
	MOX燃料	1999.10	高浜4号	8体	5,373kg	43億621.0万円	5.4億円	80万円
BWR	ウラン燃料	2000.9	柏崎刈羽7号	86体	23,177kg	24億429.7万円	2,800万円	10万円
	MOX燃料	1999.9	福島第一3号	32体	8,160kg	75億196.2万円	2.3億円	92万円
		2001.3	柏崎刈羽3号	28体	7,140kg	57億6,924.0万円	2.1億円	81万円

表Ⅴ-5b　貿易統計から見た輸入核燃料の価格（2）

炉型	燃料種別	輸入年月	原子炉名	集合体数	質量	価格	1体当たり単価	1kg当たり単価
PWR	MOX燃料	2009.5	玄海3号	16体	10,764kg	139億6,373.0万円	8.7億円	130万円
			伊方3号	21体	14,102kg	186億3,689.1万円	8.9億円	132万円
BWR			浜岡4号	28体	7,186kg	93億5,114.6万円	3.3億円	130万円
	ウラン燃料	2009.11	柏崎刈羽7号	204体	40,254kg	45億8,858.9万円	2,250万円	11万円

PWR：加圧水型軽水炉、BWR：沸騰水型軽水炉

X燃料の価格について貿易統計で調べた結果は表V‐5aに示す通りで、加圧水型原発の燃料ではMOX燃料が四〜五倍、沸騰水型原発の燃料では同じく七〜八倍高くなっていた（一体当たり単価の比較）。

しかも表V‐5bにあるように、最近のMOX燃料価格は、さらに高くなっている。新聞報道によればウラン燃料価格は上がっていないようなので（沸騰水型原発の例では、むしろ下がっている）、加圧水型原発の燃料でも約八倍、沸騰水型では一〇倍以上となる。

高くなっている理由はわからないが、高浜三、四号機用のMOX燃料はイギリスのBNFLで、福島第一と柏崎刈羽の各三号機用はベルギーのベルゴニュークリアで製造された。玄海と伊方の各三号機用、浜岡四号機用はフランスのアレバ製である。BNFLは品質管理データの捏造発覚でつまずき、ベルゴニュークリアの工場はすでに閉鎖された。MOX燃料の製造は、事実上アレバの独占となっていることから、同社の言い値通りなのかもしれない。

貿易統計の価格で、ウラン燃料についてはウランの購入費用も含まれていると推察される。他方、MOX燃料では、プルトニウムの費用は再処理費用として別途支払われているので、購入費用なしのはずである。それでも八倍も高くなる。沸騰水型原発用のMOX燃料では、燃料集合体に組み込まれるウラン燃料をわざわざコスト高の日本で製造し、海外の工場に運んで集合体に組み立てている。燃料被覆管や集合体の部品なども日本で製造して輸送している（この点は加圧水型原発でも同様）。それだけ海外の技術を信用していないということだが、価格を上げる要因の一つだろう。

六ヶ所MOX燃料加工工場

国内でのMOX燃料加工工場は、青森県六ヶ所村に日本原燃が建設しようとしている。二〇一〇年一〇月着工、二〇一六年三月操業開始の計画である。電気事業連合会の二〇〇三年末の試算によれば、MOX燃料加工事業の総費用は、建設費一八〇〇億円をふくむ操業費が一兆一二〇〇億円、操業廃棄物の輸送・処分費が五〇億円、廃止措置費が七〇〇億円、TRU（超ウラン）廃棄物の処分費が一九〇〇億円の計一兆三九〇〇億円とされる。そこで製造されるMOX燃料は、四二年間で四八〇〇トンとされているから、一トン当たり約二億四〇〇〇万円（一キログラム当たり二四万円）となる。

この価格と比べると、貿易統計のMOX燃料輸入価格は何倍も高い。それでも貿易統計の数字が実際の価格だろうことは間違いないようだ。品質管理データの捏造が発覚して製造元のBNFLに送り返された高浜四号機用のMOX燃料八体の輸入価格は四三億六二一万円とあったが、返品に伴う補償金のうちの直接被害額が約四四億円と報じられている。金額は、ほぼ一致している。また、ウラン燃料の価格は、妥当な額に見える。

確かに、国内製造なら輸送コストは削れる。それにしても、電気事業連合会の試算は安すぎるのではないか。再処理について先に考察したと同様に、実際に建設を始めてみればコストがどんどんふくらんでいくことが、ここでもあっておかしくない。

確実なのは、ＭＯＸ燃料のほうが高いということである。安全上の理由から燃料として炉内におく期間がウラン燃料より短くされ、発電量が八割にとどまることでコストが二五パーセント増しとなる点も指摘されている。

影響なしの実態

電力会社などは、それでも「発電コストに与える影響はほとんどない」と言っている。発電コストに占める燃料代は一割程度であり、また、すべての原発でＭＯＸ燃料をつかうわけではない。大間原発で計画されているようなフルＭＯＸの例を除けば、全炉心にＭＯＸ燃料を装荷することもない。あれやこれや考えれば、原発のコストが高くなっても一パーセントほどにすぎないと言うのだ（図Ｖ‐７）。

結局のところ、ＭＯＸ燃料の使用割合は小さいので、コストの増えた分も薄まってしまうというのが、影響なしの唯一の根拠である。言い換えれば、それだけ薄める前のＭＯＸ燃

図V-7　プルサーマルの発電コストへの影響

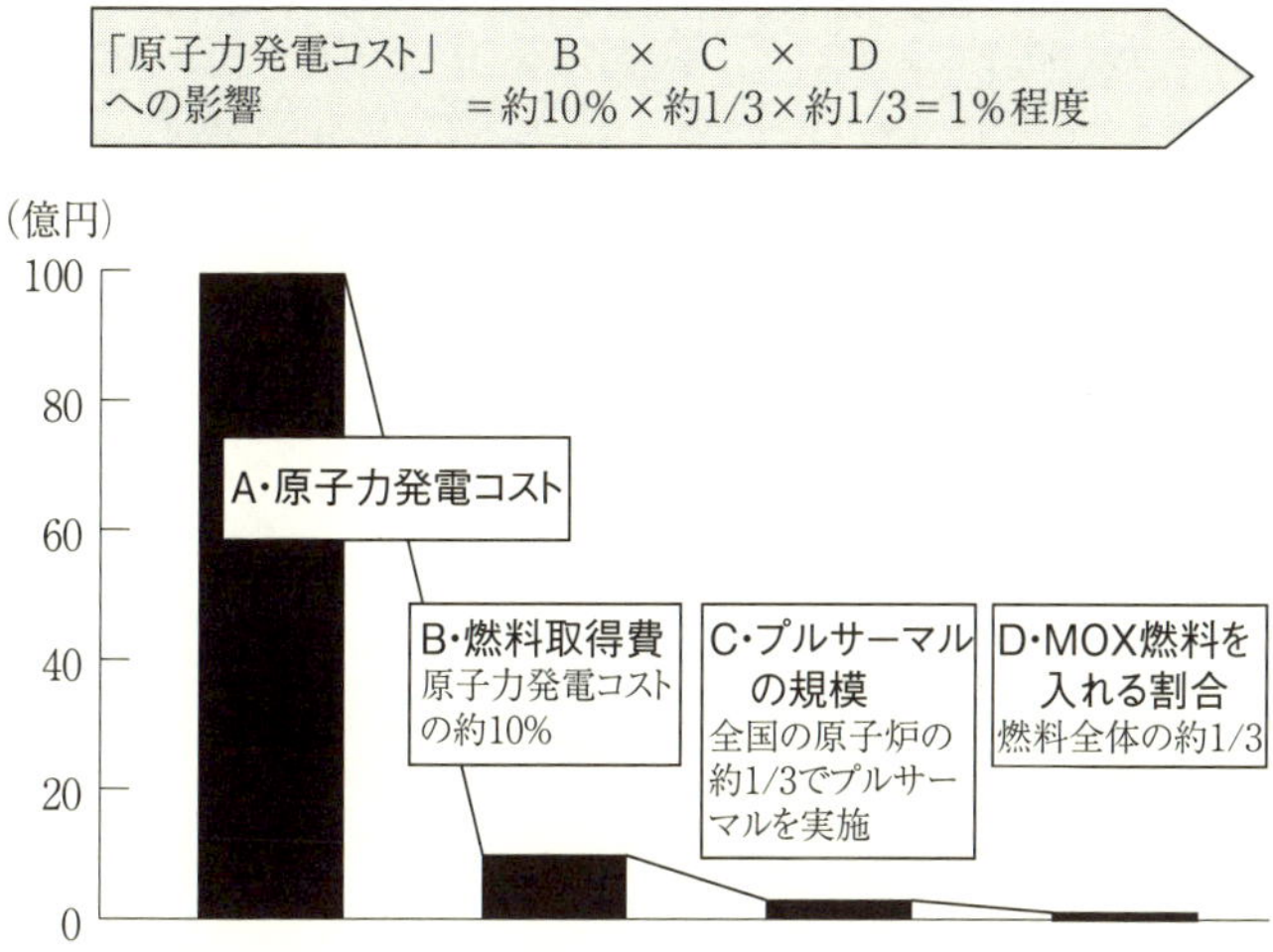

東北電力『プルサーマルについて』より

料のコストが濃いということだ。

薄まるとはいっても、東京電力一社だけでプルサーマル導入によるコストの増加額は「最大で年間一二〇億円」と、同社は一九八八年八月一三日に明らかにしている（八月一四日付日経産業新聞）。「燃料調達費が現在のウラン燃料の二倍とする前提で計算したもの」というから、八倍なら五〇〇億円近くにもなるのだろうか。くどいようだが、再処理コストを別にしてである。影響なしと言うのは、乱暴に過ぎよう。

電力会社ではまた、ＭＯＸ燃料のコストダウンや、設備利用率を高めることでコスト増は回収できるとも言っている。ＭＯＸ燃料でも長く燃すようにしてコストを下げるというが、それはプルサーマルの危険性に長く燃すことによる危険性が加わることを意味する。定期検査の項目を減らしたり定期検査の間隔を延ばしたりと、安全対策を削って利用率を高めようとすることの危険性は指摘するまでもない。

校正段階になって立命館大学の大島堅一さんから面白い指摘を受けた。前述の通り六ヶ所MOX工場で製造されるMOX燃料四八〇〇トンの値段は一兆三九〇〇億円だが、しょせんウラン燃料の代わりになるものだから、価値としてはせいぜい九〇〇〇億円ほどにしかならない。それでも大損だが、プルトニウムを得るための再処理費用を加えれば一三兆円をかけて一兆円を大きく下回る価値しかない製品をつくることが事業として成り立つのか――と。

4 結論

再処理、高速増殖炉、プルサーマルと、核燃料サイクルはすべて、誰もが損をするしかない事業である。WIN‐WINならぬRUIN‐RUINだ。少しでも損を小さくするには、少しでも早く撤退するしかない。

Ⅵ

世界は脱プルトニウムに向かう

西尾漠

1 再処理

世界の流れは脱再処理・脱プルトニウムに向かっている。二〇一〇年一月現在、世界で原発を有する国は、台湾を一国として数えると三一カ国にのぼる。そのうち、ともかくも商業規模で再処理を行なっているのは、フランス、イギリス、ロシア、それに日本の四カ国のみだ。日本以外はすべて核兵器国で、ロシアのRT－1工場は、もともと軍事用だったものである。インドも小規模な工場を三つ持っているが、少なくとも一つは軍事用と位置づけられている。より小さなプラントを持っているのも、中国、パキスタンと、やはり核兵器国だ。かつてはアメリカ、ドイツ、ベルギーにも再処理工場があったが、いまは閉鎖されている（表Ⅵ－1）。

フランスやイギリスの工場に再処理を委託していたスウェーデン、ドイツ、スイスなどの各国は、次々と契約を打ち切った。一九八四年三月の日本原子力産業会議（現＝日本原子力産業協会）の年次大会でイギリス中央電力庁（のち分割民営化）のマーシャル総裁が使ったという比喩によれば、「使用済み燃料はワインと同じで、寝かせておけばおくほどよい」というのが、すでに二〇年余も以前からの共通認識なのだ。

表VI-1　各国の再処理施設一覧

（2010年３月現在）

	国名	施設名	設置者	所在地	処理能力（トン/年）	操業開始	備考
運転中	フランス	UP2-800	AREVA NC	ラ・アーグ	濃縮ウラン（各1,000但し計1,700）	1994年	天然ウラン用のUP2（1966年操業開始）をUP2-400、UP2-800と増強。
		UP3	AREVA NC	ラ・アーグ		1990年	本来は海外顧客用。
	イギリス	B205	BNGセラフィールド	セラフィールド	天然ウラン（1,500）	1964年	
		THORP（ソープ）	BNGセラフィールド	セラフィールド	濃縮ウラン（850）	1994年	主に海外顧客用。1200トンから後退。
	日本	東海	日本原子力研究開発機構	東海村	濃縮ウラン（0.7/日）	1981年	受託再処理は終了。
	ロシア	チェリヤビンスク-65　RT-1	ロシア原子力庁（ROSATOM）	オジョルスク	濃縮ウラン（400）（実質250）	1971年	軍事用（1949年操業開始）を改造。
	インド	KARP	バーバ原子力センター	カルパッカム	天然ウラン（100）	1990年	1986年125t/年でスタート。
		プルトニウム分離プラント	バーバ原子力センター	トロンベイ	天然ウラン（30）	1985年	1964年運転開始、機器等の更新後再開。主に核兵器用。
		PREFRE	バーバ原子力センター	タラプール	天然ウラン（150）	1982年	
建設中	日本	六ヶ所	日本原燃	六ヶ所村	濃縮ウラン（800）	2010年（計画）	
		RETF（リサイクル機器試験施設）	日本原子力研究開発機構	東海村	高速炉燃料（6）		2000年６月第一期工事完了。以後、工事中断。
建設中止	アメリカ	モーリス	GE社	モーリス	濃縮ウラン（300）		1974年建設断念。燃料貯蔵施設として使用。
		バーンウェル	AGNS社	バーンウェル	濃縮ウラン（1,500）		1976年建設中止。83年閉鎖。
	ドイツ	ヴァッカースドルフ（WA-350）	ドイツ核燃料再処理会社	ヴァッカースドルフ	濃縮ウラン（350～500）		1989年建設中止。
	ロシア	クラスノヤルスク-26　RT-2	ロシア原子力庁（ROSATOM）	ジェレズノゴルスク	濃縮ウラン（800）		1989年建設中断。建設再開の動きあり。
閉鎖	アメリカ	ウェストバレー	NFS社	ウェストバレー	濃縮ウラン（300）	1966年	1972年運転中止。76年閉鎖。
	フランス	UP1	仏核燃料会社（COGEMA）	マルクール	天然ウラン（400）	1958年	1997年閉鎖。
		APM（TOR）	仏核燃料会社（COGEMA）	マルクール	高速炉燃料（5）	1988年	1996年閉鎖。
	イギリス	B204	英核燃料公社（BNFL）	セラフィールド	天然ウラン（500）	1952年	1964年閉鎖。
		HEP-B205	英核燃料公社（BNFL）	セラフィールド	濃縮ウラン（400）	1969年	1973年事故で閉鎖。
		PFRプラント	AEAテクノロジー（旧英原子力公社）	ドーンレイ	高速炉燃料（6）	1981年	1998年閉鎖。
	ドイツ	WAK	ドイツ核燃料再処理会社	カールスルーエ	濃縮ウラン（35）	1971年	1990年閉鎖。
	ベルギー	ユーロケミックプラント-26	ベルゴプロセス	モル	天然・濃縮ウラン（100）	1966年	1974年運転中止。87年閉鎖。

原子力資料情報室作成

そこからさらにスウェーデンやドイツ、スイスなどは、寝かせた後も再処理はせず、使用済み燃料を直接処分する方向に踏み出した。

各国の再処理事情

イギリスでは、ガス炉燃料用再処理工場であるB205と、主に海外の顧客のための軽水炉燃料用再処理工場であるTHORPがある。B205は年間一五〇〇トンの処理能力を持ち、THORPは、当初一二〇〇トンとされていたが、現在では八五〇トンに後退した。実際にはそれすら達成できずにいる。ガス炉燃料の処理能力が大きいのは、発電量当たりの使用済み燃料の量が多いからである。

両工場とも、核燃料公社(BNFL)から原子力廃止措置機関(NDA)に保有者が移行した。B205は二〇一二年に操業終了、THORPは二〇一一年以前に終了と見込まれていたが、どちらも数年先延ばしする動きとなっている。契約分の処理を終えられずにいるからだ。

既に廃止された工場としては、一九五二年から六四年まで操業のB204があり、B205を軽水炉燃料用に変えられるよう付加した前処理施設HEPは、六九年に運転を開始したものの、七三年の事故で閉鎖されている。他に、高速炉燃料用に八一年から操業されたP

FRプラントがあるが、高速増殖炉PFRの閉鎖に伴って、九八年で終了した。

フランスの再処理工場は現在、UP2‐800とUP3が、ラ・アーグで操業中である。UP2は一九六六年にガス炉の使用済み燃料用として操業を開始、七六年に軽水炉燃料用の前処理施設HAOを付加してUP2‐400（UP2／HAO）となり、九二年にはUP2‐800へと増強された。

UPは「再処理施設」を意味するフランス語の略語で、軍用炉をふくむガス炉燃料用だったUP1は、一九五八年から九七年までマルクールで運転された。400や800は年間処理能力のトン数を示す。とはいえUP2‐800は、いまでは年間一〇〇〇トンの処理能力とされており、UP3も同じ能力。ただし、両工場合計での最大処理能力は一七〇〇トンである。

UP3は、もともとは海外顧客用として一九九〇年から本格運転を開始した。しかしその後、海外の顧客が撤退しているため、これまで必ずしも積極的ではなかった国内使用済み燃料の再処理に傾斜してきている。現在残っている一トン以上の顧客は海外ではイタリアのみ。九九・九パーセントはフランス電力の使用済み燃料だ。

フランス電力では年間一一〇〇トン発生するウラン燃料の使用済み燃料のうち八五〇トンを再処理し、残り二五〇トンと一〇〇トン発生するMOX燃料の使用済み燃料は貯蔵する方針である。工場所有者のアレバ（AREV　ANC）では二つの再処理工場を二〇四〇～五〇年まで運転をつづけるとしているものの、それは難しいだろう。

他に、高速炉燃料用のAPM（TOR）が、一九八八年から九六年まで操業されていた。

ロシアは一九七二年、チェリヤビンスクの軍事用再処理工場を改造したRT‐1を、軽水炉の使用済み燃料を年間四〇〇トン処理できる施設（高速炉燃料も一部処理）として運転を開始させた。つづく一五〇〇トン規模のRT‐2は一九八四年にクラスノヤルスクで着工されたが、九二年に建設中断、運転開始は二〇二〇年以降とされている。

インドの再処理工場ではすべて、CANDU炉およびそのインド版である加圧重水炉（PHWR）で使用された天然ウラン燃料を処理している。

最初の再処理工場（プルトニウム分離プラント）は一九六四年、トロンベイで運転を開始した。当初は年一〇トンだった処理能力を八五年、三〇トンに引き上げている。ここで抽出されたプルトニウムを使って七四年（九八年も？）の核実験は行なわれた。主に核兵器用とされる工場である。

年一五〇トンの商業用再処理工場（PREFRE）はタラプールで一九七七年に試運転を開始、八二年に運転を開始した。つづく商業用工場（KARP）は一九八六年、年一二五トンの処理能力としてスタート、九〇年に年一〇〇トンに引き下げて商業運転を開始している。

また、照射されたトリウム燃料からウラン‐二三三を分離するウラン・トリウム分離プラントが二〇〇二年、トロンベイで運転を開始した。

先進再処理のゆくえ

アメリカやフランス、日本などで、さまざまな「先進再処理」の開発がうたわれている。アメリカが進めてきたGNEP（国際原子力パートナーシップ）も、先進再処理を前提としていた。ということは「脱再処理」でないようにも見えるが、それらが商業的に利用されるような時代がくるとは、とても考えられない。机上ないしせいぜい実験室レベルの開発なのだと言ってよい。

二〇〇六年五月三〇日に開催された総合資源エネルギー調査会電気事業分科会の原子力部会で、秋元勇巳日本原子力文化振興財団理事長・三菱マテリアル名誉顧問は、こう述べていた。「先進湿式といいましても、例えばここに出てきている湿式一つ一つの技術は、ほとんどまだビーカーテストでテストをされたという程度の経験しかないわけですね」。

GNEPとは、二〇〇六年二月六日、アメリカが発表したもので、核拡散を防ぐために、ウラン濃縮や再処理の施設をもってよい国（核兵器国＋日本）を限定し、それらの国が他の国々に濃縮ウランの提供と使用済み燃料の引き取りを保証する構想である。引き取った使用済み燃料は再処理をするとされている。

ただし、ここでいう再処理とは、使用済み燃料を処分しやすくするためのものとされ、日本でいう「リサイクル」とは意味づけがまったく異なる。取り出されたプルトニウムは、高速炉で燃やすが、プルトニウムの増殖炉ではなく、あくまで焼却炉である。核拡散に通じる再処理を自由にさせない「再処理封じ」こそが、何よりの目的だった。

しかし、むしろ核不拡散に反する、高レベル放射性廃棄物の処分も実際には容易にならず中低レベルの放射性廃棄物を増やす問題のほうが大きい、実用化できる技術的見込みがない、コストがかかりすぎるなどの批判が強くあり、けっきょく二〇〇九年四月、オバマ新政権は予算をつけずに計画を打ち切った。「GNEP構想」は国際的なウラン燃料供給保証構想の一つとして延命しているものの、「再処理復活」の道は途絶えたのだ。

フランスでは二〇〇六年三月にアレバが、COEXと呼ぶウラン・プルトニウムの同時分離＋MOX燃料製造の「統合型リサイクル施設」を二〇二〇年までに建設する計画を発表した。他方でフランス原子力庁（CEA）は、GAM（グローバル・アクチニド・マネジメント）と称するウラン・プルトニウムとそのほかの超ウラン核種（マイナーアクチニド）の抽出、高速炉での燃焼計画を有している。両者の相関は不明、というより未だ確かなものでないということだろう。

建設中止の歴史

そもそも再処理工場の歴史は建設中止の歴史だった。

ドイツでバッカースドルフ再処理工場の建設工事が中止されたのは一九八九年五月のことだ。同月三一日、反対運動と経済性を理由に、事業主体であるドイツ核燃料再処理会社（DWK）が中止を決定した。

同再処理工場の建設は、当初から強い反対運動にさらされてきた。八八年一月二九日には地元の農民が起こした建設差し止め訴訟で、ミュンヘン地方行政裁判所が建設計画を無効とする判決を下しており、計画を練り直しても最終的に勝てる保証はなかった。

建設費は、想定の二倍の一〇〇億マルク（約七〇〇〇億円）にも三倍の一五〇億マルク（一兆円以上）にも達しそうというのが、断念の理由となった。完成時の再処理価格は、使用済み燃料一トン当たり四〇〇万マルク（約二億八〇〇〇万円）で、フランスやイギリスが新規契約の価格として提示した額の三倍前後になるというのだ。

フランスやイギリスよりドイツのほうが高コストになるのは理由があって、クリプトンやトリチウムを垂れ流しにせず、捕集・除去するほか、どの放射能についてもはるかに小さな放出量とする設計にしたからである。それも、強い反対運動のためと言える。

日本の六ヶ所工場では、クリプトンやトリチウムを垂れ流しにした上で、バッカースドルフ工場より高コストになっているが、それでも建設中止にできないのは、事業者が主体的に判断できない「日本的しくみ」のためだろう（Ⅴ章参照）。

ともあれ、バッカースドルフ工場の建設は中止された。その後の様子を記録した映画『第八の戒律』（ベルトラム・フェアハーク＋クラウス・シュトリーゲル監督、一九九一年）を見ていて、工場を取り巻いていた鉄柵が焼き切られ、外されていく場面には感無量だった。再処理工場がなくなれば、鉄柵も武装警備隊も要らないのだ。再処理工場予定地は自動車部品の工場などに衣更えされているという。

アメリカの再処理工場は、一般的にはカーター大統領の核不拡散政策によって中止に追い込まれた、と言われている。同大統領は一九七七年四月七日、商業用再処理の無期限凍結をふくむ新原子力政策を発表した。

日本電気協会新聞部発行の『原子力ポケットブック』二〇〇九年版では、各工場について次のように説明されている。

ウエストバレー：一九七二年運転中止。拡張改良工事のため許可申請を行っていたが、一九七六年断念し、閉鎖。

モーリス：一九七四年技術的理由により断念。以降、燃料貯蔵施設として使用中。
バーンウェル：一九七六年にほぼ建設完了したが、核不拡散政策により事業中止。一九八三年封鎖。

ここでは、はっきり「核不拡散政策により」とあるのは、試運転を実施したのみで中止されたバーンウェル工場だけである。なお、ここでの核不拡散政策は、カーター大統領の前のフォード大統領が一九七六年一〇月二八日に発表したもので、「あらゆる国が、アメリカとともに、少なくとも三年間、再処理とウラン濃縮を凍結する」という内容だった。

ウエストバレー工場の再開断念は同年九月二四日で、さらに以前のことだ。止めをさしたのが、カーターの政策だったということだろう。

半乾式という新技術を採用したモーリス工場は、そのため技術的に行き詰まり、七四年七月の試運転中に「実用化は困難」だとして建設が中止された。同工場の建設を断念したGE社のB・ウルフ副社長（当時）はその後、「民間企業として再処理工場を建設する考えはない」「どこの国でも再処理は民間ではできない」と語っている（『富士ジャーナル』一九八二年二月号）。

ウエストバレー工場は六六年に操業を開始した民間初の再処理工場だが、汚染排水放出に対する市民の反対運動と、経済性を向上させるための規模拡張計画に対する規制の強化のため、七二年四月に操業を停止した。新たな安全基準を満たすにはコストがかかりすぎるとして断念に至ったものだ。

バーンウェル工場も、カーター政権の後のレーガン政権が八一年に商業再処理の凍結を解除したにもかかわらず八三年末、経済性を理由に正式に閉鎖された。

それもけっきょくは技術的な困難さだ、と指摘するのは松永長男《たけお》元東京電力原子力開発本部副本部長だ。同氏を語り手とする『原子力発電の原点と焦点』（電気情報社）で言う。

「『アメリカ型原子炉は濃縮ウランを使うから、濃縮はうちでやります。プルトニウムを採ってリサイクルをやります』というのが、アメリカの原子力政策だった。アメリカはそのために、再処理工場を作り始めた。ところが、再処理工場はむずかしい。FP〔核分裂生成物〕は、何百万キュリーもの放射能を持つ。高い熱を持つ。商業用の再処理工場は、技術的に非常にむずかしい。特にFPを扱う部分がそうだ。アメリカは大規模な再処理工場を作ろうとして、失敗した」。

2　高速増殖炉

二〇〇七年六月二七日に「エネルギーを考える会」が開いた勉強会で、資源エネルギー庁の柳瀬唯夫《ただお》原子力政策課長（当時）は、高速増殖炉の開発状況についてこう発言していた。「驚くべきことに実は日本が今、最大のフロントランナーになっているわけです。先陣競争をしているというよりは、みんながずうっと後戻りしている中で日本が一番逃げ足が遅く、その結果、ふと気づいたら、エンジニアリングの部門でも施設の面でもフロントランナーになっていたわけです」（『エネルギーいんふぉめいしょん』二〇〇七年七月号）。

その逃げ足の遅さは、いまもそのままで、「いつまでもだらだらと高速増殖炉を開発する必要があるのか」（豊田正敏元東京電力副社長・日本原燃サービス社長――共同通信二〇〇四年一一月配信記事）といった疑問の声を尻目に、相変わらず開発目標が掲げつづけられている。

それは、いまもそのままであると同時に、いまに始まったことでもない。

二〇一〇年一月現在で運転中の高速増殖炉ないし高速炉は、ロシアの実験炉ＢＯＲ‐６０、原型炉ＢＮ‐６００と、インドの実験炉ＦＢＴＲを数えるのみ。かつての先進国フランス、イギリス、ドイツ、アメリカでは、すべて閉鎖済みとなった（表Ⅵ‐２）。いずれも核兵器国である。

米欧の高速炉開発

世界で最も早く高速増殖炉の開発に着手したアメリカでは、一九四六年に初臨界を迎えた実験炉クレメンタインをはじめ、五一年一二月二〇日に世界初の原子力発電を行なって四個の二〇〇ワット電球を点したEBR - 1など六基の実験炉がつくられたが、いずれもすでに閉鎖されている。EBR - 1は五五年一一月二九日に炉心溶融事故を起こし、エンリコ・フェルミ炉は六六年一〇月五日に燃料損傷事故によって「我々はもう少しでデトロイトを失うところだった」（ジョン・G・フラー著、田窪雅文訳『ドキュメント原子炉災害』時事通信社の原題）という事態を招いた。

FFTFには運転再開の動きもあったものの、二〇〇一年に断念された。

三八万キロワットの原型炉クリンチリバー（CRBR）は一九八二年に着工されながら、翌八三年、予算がつけられない中、政府は建設をあきらめた。同じく原型炉のSAFR、PRISMも、計画倒れに終わっている。

一九九三年九月にはクリントン政権がプルトニウムの商業利用の研究開発は行なわないことを決定したが、ブッシュ政権下の二〇〇一年から第四世代原子力システム計画（GEN-Ⅳ）、〇三年から先進的核燃料サイクルイニシアティブ（AFCI）、〇六年から国際原子力パートナーシップ（GNEP）が開始され、高速炉によりマイナーアクチニドも燃やす先進的燃焼試験炉（ABTR）を一四年〜一九年に運転入りさせる計画が立てられた。

しかし、再処理のところで見たように、GNEPのアメリカ国内プロジェクトは計画が

表Ⅵ-2　各国の高速増殖炉

国名	区分	名称	出力(万kW)	臨界(年)	閉鎖(年)	生涯利用率(%)
アメリカ	実験炉	クレメンタイン	—	46	52	
		EBR - I	0.02	51	63	
		LAMPRE	—	61	65	
		EBR - II	2	63	94	
		エンリコ・フェルミ	6.5	63	71	
		SEFOR	—	69	72	
		FFTF	—	80	93 (01 再開断念)	
イギリス	実験炉	DFR	1.5	59	77	
	原型炉	PFR	25	74	94	19.8
フランス	実験炉	ラプソディ	—	67	82	
	原型炉	フェニックス	25	73	09	
	実証炉	スーパーフェニックス	124	85	98	1.5
ロシア	実験炉	BR - 1/2	—	55/56	57	
		BR - 5/10	—	58/73	02	
		BOR - 60（ウリヤノフスク）	1.2	68		
	原型炉	BN - 600（ベロヤロスク3）	60	80		
カザフスタン	原型炉	BN - 350（シェフチェンコ）	15	72	99	
ドイツ	実験炉	KNK - I / II	60	71/77	91	
インド	実験炉	FBTR	1.3	85		
日本	実験炉	常陽（現在は増殖性能なし）	—	77		
	原型炉	もんじゅ	28	94		

原子力資料情報室作成

打ち切られている。

イギリスでは、一・五万キロワットの実験炉ＤＦＲが一九五九年に初臨界、三年後には世界で初めて送電網に電気を送ることになった。七七年閉鎖。つづく二五万キロワットの原型炉ＰＦＲは、七四年三月に初臨界を迎えたが、トラブルが多く、全出力達成は七七年二月。その後も八七年二月の蒸気発生器細管大破損など事故は続き、九四年に閉鎖された。

実証炉として一三二万キロワットのＣＤＦＲが計画されていたが、一九八八年に予算削減、

西尾漠

九二年には翌年以降の政府出資の停止が決定され、中止となった。

ドイツでは、ＫＮＫ‐Ⅰを高速炉に改造した実験炉ＫＮＫ‐Ⅱが、一九七七年一〇月に初臨界、七九年に二万キロワットの運転を開始、九一年八月に閉鎖された。

三二・七万キロワットの原型炉ＳＮＲ‐３００（カルカー）は一九七三年に着工、完成したものの、核燃料を入れる前の試験段階でたびたびナトリウム火災を起こすなどして、ノルトライン・ヴェストファーレン州政府が運転を許可せず、核燃料が装荷されないまま九一年三月に運転入りが断念された。施設全体がオランダの企業に売却され、「核と水のワンダーランド」と銘打った総合レジャーランドに改造されたことで知られる。

この炉は、ドイツ、ベルギー、オランダの電力会社が出資した共同プロジェクトだった。一五〇万キロワットの実証炉ＳＮＲ‐２も、ドイツ、イタリア、フランスの共同プロジェクトとして計画されたが、水泡に帰した。

フランスでは発電なしの実験炉ラプソディが一九六七年一月に初臨界、八三年に閉鎖された。二五万キロワットの原型炉フェニックスは七三年八月に初臨界。八八年以降、出力異常が続き、三年間の停止後、九四年に再開されてからは一四万キロワットで運転されてきた。九八年から大規模な改修を行ない、二〇〇三年六月に復帰。〇九年三月に電力系統から切り離され、九月には運転終了式が開催されている。

式典後も年末までつづけられた寿命終了時試験には、国際原子力機関（ＩＡＥＡ）が組織した共同研究プロジェクトの下で、アルゼンチン、中国、インド、日本、韓国、ロシア、アメリカ、ＥＣの研究者グループが参加した。

一九八六年九月に初臨界を迎えた一二四万キロワットのスーパーフェニックス（クレイ・マルビル）は、世界で唯一運転に入った実証炉だが、事故が続発して満足に動かず、九八年二月に閉鎖となった。

実証炉二号炉のスーパーフェニックスⅡは、一九八七年一一月に計画が中止されている。それに代わるものとして、フランス、イギリス、ドイツ、ベルギーの国際プロジェクトが一五〇万キロワットの欧州統合高速炉（ＥＦＲ）として計画されたが、これも中止。その後、五〇～六〇万キロワットの原型炉ＡＳＴＲＩＤをフランスで二〇二〇年までに運転させる計画が生まれている。他にもガス冷却炉の実験炉ＡＬＬＥＧＲＯ、鉛冷却高速炉の実験炉ＥＴＰＰ（ヨーロッパ技術パイロットプラント）といった計画もあるが、さてどうなることやら。

旧ソ連の高速炉開発

旧ソ連では、ＢＮ－３５０以外は、ロシアに建設されている。実験炉ＢＲ－１、ＢＲ－２が一九五五年、五六年と相次いで臨界。ただし、これらは五七年にすぐ閉鎖された。つづくBR-5は五八年に初臨界。七三年にはBR-10に改造されての初臨界に達した。二〇〇二年閉鎖。

一・二万キロワットの実験炉BOR-60（ウリヤノフスク）は一九六八年臨界。設計時の計画では二〇〇九年に閉鎖とされていたが、一五年まで延長される見込みである。

カザフスタンに建設された一五万キロワットの原型炉BN-350（シェフチェンコ）は、発電と海水淡水化を行なう二重目的炉で、一九七二年に臨界。九九年四月に閉鎖。燃料は濃縮ウランだった。

六〇万キロワットの原型炉BN-600（ベロヤルスク3号）は、一九八〇年二月の初臨界。八一年一二月に定格出力に達した。燃料は、二一パーセント、三三パーセントの高濃縮ウランだが、核兵器解体からのプルトニウムを燃やすためMOX燃料を使った試験も行なわれている。八八万キロワットの原型炉BN-800は、ベロヤルスク4号とサウスウラル1号の二基が一九八六年に着工されたものの、工事はたびたび中断。ベロヤルスク4号のみ二〇〇六年に再開され、一四年の運転開始を目指している。核兵器解体から生じるプルトニウムはBN-600とBN-800で燃やす計画である。

さらにBN-1600、BNM-170、鉛冷却のBREST-300、BREST-1200と計画があるとはいえ、経済的な理由からも実現性はかなり疑わしい。

アジアの高速炉開発

インドでは、フランスのラプソディから技術移転をした一・三万キロワットの実験炉FBTRが一九八五年に初臨界。送電開始は九七年と遅れ、定格出力に達したのはごく最近のことらしい。五〇万キロワットの原型炉PFBRが二〇〇三年に着工され、一一年の初臨界を目指している。その後、一三年から二〇年までの間に六基の五〇万キロワットの実用炉CFBRの運転開始を計画。また、二〇年以降、金属燃料を使った一〇〇万キロワットの炉を実用炉として計画している。

トリウムが大量に存在するインドならではだが、将来的にはプルトニウムでなくウラン-二三三の増殖を目標としているのが特徴である。プルトニウムを燃やして、トリウムを用いたブランケット燃料でトリウム-二三二からウラン-二三三を製造、最終的にはウラン-二三三を燃料とするウラン-二三三の増殖炉（高速炉でなく、新型重水炉＝ＡＨＷＲ）にとの考えだ。ただし、当面は高速増殖炉の拡大を目指すため、トリウムを装荷せずにプルトニウムの増殖を図るらしい。

中国の二・五万キロワットの実験炉CEFRは、ロシアの支援を受けて建設され、当初計画より四年ほど遅れて二〇一〇年六月に初送電の計画だが、なお三カ月くらい後になりそうという。初装荷燃料には六四・四パーセントの高濃縮ウラン燃料を用いるが、後にMOX燃料に切り替える計画。

六〇ないし九〇万キロワットの実証炉CDFRを二〇一八～二〇年に、八〇～九〇万キロワットの実用炉CCFRを三〇年に、また、一〇〇～一五〇万キロワットの、高い増殖率をもつ高速増殖炉としての実証炉CDFBRを二八年に、同出力の実用炉CCFBRを三〇～三二年に建設する計画だ。

韓国には、一五万キロワットの原型炉KALIMERを二〇二八年に運転に入れるとの計画がある。核拡散を防ぐとしてブランケット燃料集合体は用いず、高品位のプルトニウムは生産されない。転換率がわずかに一を超えるよう設計されているから、高速増殖炉というよりやはり、高速炉である。

今後の計画もあるものの、現実性はと問えば疑問符がつく。先進各国では脱高速増殖炉が本筋と言えよう。

3　プルサーマル

国や電力会社は、世界の各国でプルサーマルが行なわれており、豊富な実績があると言

表Ⅵ-3　各国プルサーマルの現状（2008年末）

	運転中加圧水型炉		運転中沸騰水型炉		5年間（04～08年）のMOX燃料装荷体数		備考
	全基数	MOX燃料装荷基数	全基数	MOX燃料装荷基数	加圧水型炉	沸騰水型炉	
フランス	58	20	0	0	1080	0	
ドイツ	11	8	6	2	326	366	
スイス	3	3	2	0	88	0	
ベルギー	7	1	0	0	24	0	装荷修了
アメリカ	69	1	35	0	4	0	照射試験
その他	116	0	51	0	0	0	
計28カ国	264	33	94	2	1522	366	

資源エネルギー庁資料より

う。これまでに世界中で六〇〇〇体を超すＭＯＸ燃料が使われたというのだが、ウラン燃料の実績と比較すれば、おそらく一パーセントにも達していないだろう（表Ⅵ‐3）。

しかも、多くは試験として行なわれ、結局は実用化されなかったものだ。商業規模でプルサーマルを実施している国は、フランス、ドイツ、スイス、ベルギーの四カ国しかない。しかも、ドイツもスイスもベルギーも、抽出済みのプルトニウム在庫を燃やしたら、プルサーマルは終わりとなる。すでにベルギーは二〇〇五年でＭＯＸ燃料の装荷を終了した（図Ⅵ‐1）。

アメリカで〇五年から新たな試験がはじまったが、燃料の設計ミスが発覚、予定を早めて〇八年に取り出され、試験はストップした。そもそもこれは核兵器解体プルトニウムの処分という特別

図Ⅵ-1　海外のプルサーマル実施状況（商業利用は4ヵ国のみ）

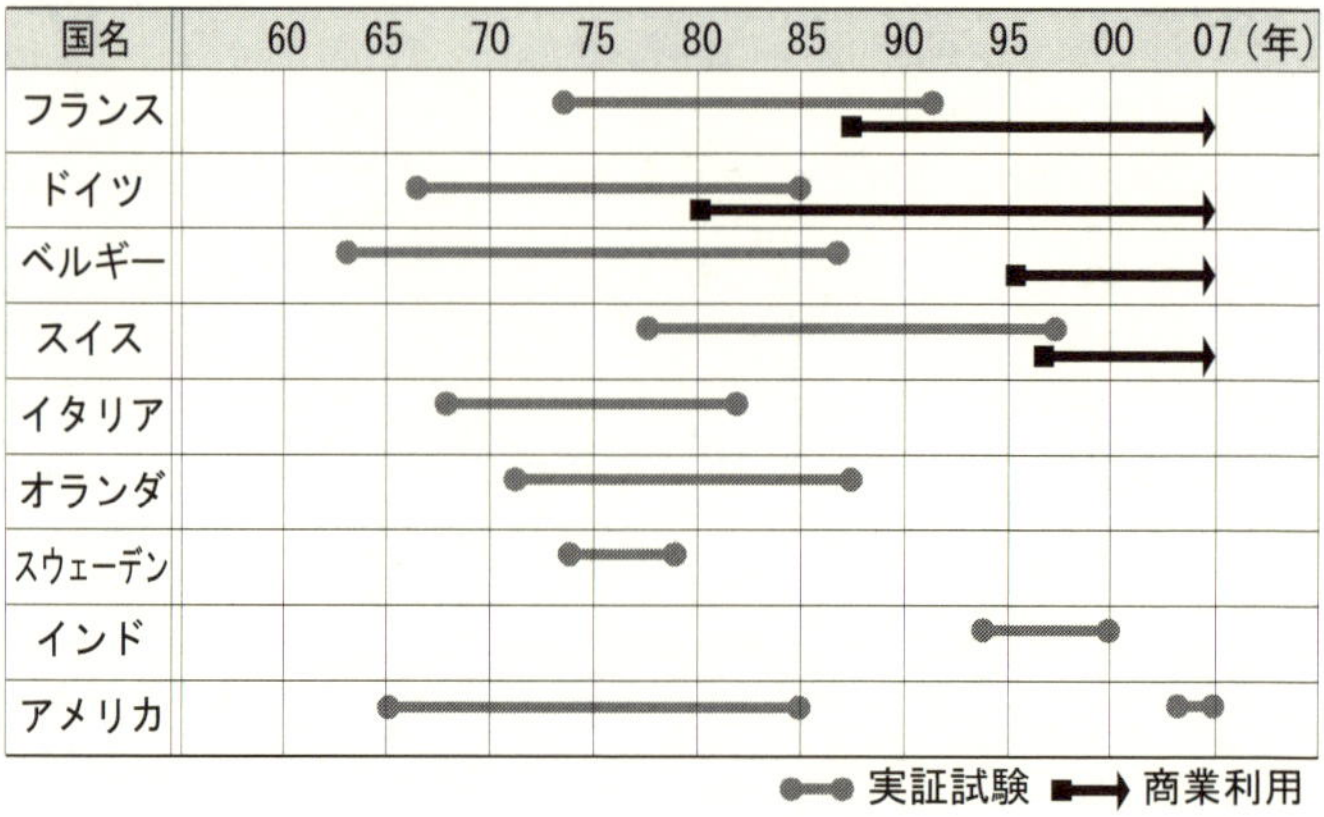

資源エネルギー庁『わかる！プルサーマルより』より

の目的のものだ。

今後も再処理をしてプルトニウムを取り出し、プルサーマルをつづけようとしているのは、フランスだけである。国営のフランス電力は、もともとはプルサーマルを嫌がっていたのだが、国策として受け入れざるをえなかった。そのフランスでも、使用済みのＭＯＸ燃料は再処理せず、貯蔵している。

ＭＯＸ燃料製造と再処理

ＭＯＸ燃料の製造はベルギーのデモックスＰ０工場が二〇〇六年に閉鎖されたため、現在ではフランスのメロックス工場とイギリスのセラフィールド工場（ＳＭＰ）の二つしかない（表Ⅵ‐４）。

おまけに、年間一二〇トンのＭＯＸ燃料が

表Ⅵ-4　軽水炉用MOX燃料加工工場（2009年12月末現在）

	国名	施設名	所在地	所有者	製造能力（トン／年）	運転開始
運転中	フランス	メロックス	マルクール	AREVA NC	195	1995年
運転中	イギリス	SMP	セラフィールド	BNGセラフィールド	120	2005年（試運転）
建設中	アメリカ	MFFF	サバンナリバー	DCS	70（核兵器解体プルトニウム）	
計画中	日本	JMOX（通称）	六ヶ所村	日本原燃	130	
計画中止	ベルギー	P1	デッセル	ベルゴニュークリア	50	〈1998年認可取消〉
閉鎖	ベルギー	デモックスP0	デッセル	ベルゴニュークリア	38（含FBR燃料）	1973年（2006年閉鎖）
閉鎖	ドイツ	BEW1	ハナウ	シーメンス	30	1974年（1992年閉鎖）
閉鎖	ドイツ	BEW2	ハナウ	シーメンス	120	〈1995年、運転前に閉鎖〉
閉鎖	フランス	CFCa	カダラッシュ	AREVA NC	40（含FBR燃料）	1990年（2005年閉鎖）
閉鎖	イギリス	MDF	セラフィールド	BNGセラフィールド	8	1993年（2002年閉鎖）

原子力資料情報室作成

製造できるとしたセラフィールド工場は、品質管理データの捏造が明るみに出されたことなどもあり、顧客を失って年間四〇トンに処理能力を引き下げた。それすら達成できる状況にない。事実上はメロックス工場の独占となっている。同工場は一九九五年、加圧水型炉用のMOX燃料で年間八五トンの処理能力としてスタート、徐々に能力を拡大してきた。九九年からは沸騰水型炉用も加わり、現在では一九五トンとされている。

アメリカが核兵器解体で生じるプルトニウムの焼却用に年間最大三・五トンの工場(MFFF)をサバンナリバーで建設中。技術はフランスのメロックス工場から導入された。当初は二〇〇三年に着工、〇七年運転開始とされていたが、着工が〇七年となり、一六年運転開始へと延期されている。

MOXの使用済み燃料の再処理は、ドイツで一九八七年に小規模試験が行なわれたほか、表Ⅵ-5のようにフランスで行なわれている。とはいえ未だ開発段階であり、商業化の計画はどこにもない。

4　プルトニウム処分

高速増殖炉もプルサーマルもだめなら、余ったプルトニウムはどうすればよいのか?

表Ⅵ-5　フランスでのプルサーマル使用済み燃料再処理実績

再処理施設	マルクールパイロット施設	UP2-400		UP2-800			
実施年	1992年	1992年	1998年	2004年	2006年	2007年	2008年
使用済燃料	独）グラーフェンラインフェルト	独）ウンターベーザーオブリッヒハイムネッカー	仏）ショーA	独）グラーフェンラインフェルト	独）	独）	独）
処理量	2.1tHM	4.6～4.7tHM	4.9tHM（16体）	10.6tHM（20体）	16.5tHM	20tHM規模？	10tHM規模？
Pu富化度（燃焼前）	2.0～3.2%（全Puでは4.1%）	最高3%（全Puでは4.1～4.4%）		4～4.25%			
Pu富化度（燃焼後）	約2%（全Puでは3%以下）	約2%（全Puでは3%以下）		約3%			
燃焼度	約34GWd/t	約33～41GWd/t	約18GWd/t（8体）27GWd/t（8体）	30.5～35.5GWd/t			
冷却期間	3.5年	5.5年	7年	10年			
溶解条件		バッチ式溶解プロセス 硝酸濃度：6N～3N（mol/ℓ）、溶解温度：沸騰硝酸、溶解時間：約4時間、Pu不溶解物質量：約0.01%		連続式回転溶解プロセス 硝酸濃度：5.1N（mol/ℓ）、溶解温度：約90～92℃、溶解時間：約7時間、Pu不溶解物質量：約0.014%、抽出工程希釈剤：ウラン溶液 ＜参考＞ウラン燃料用 硝酸濃度：3N（mol/ℓ）、溶解温度：約90℃、溶解時間：約2時間			

原子力百科事典ATOMICA,、Status and Advances in MOX Fuel Technology, IAEA, 2003、その他資料より作成

使用済み燃料から既に取り出されてしまったプルトニウムは、燃やすのでなく、廃棄物として管理するのがいちばん安全だろう。

プルトニウムを廃棄物として管理する方法としては、表Ⅵ‐6に掲げたような例がある。核兵器の解体にともなって出てくるプルトニウムを、再び核兵器に使われにくい形で処分する方法として、アメリカで考えだされたものだ。

均一化ガラス固化は、プルトニウムを溶液に溶かし、高レベル放射性廃液とともにホウケイ酸ガラスと混ぜて熱で溶解、ステンレスの容器（キャニスター）に固めこむ方法。缶・イン・キャニスターは、プルトニウム粉末をまずホウケイ酸ガラスと混ぜて溶解し、ステンレスの小さな缶に固め込む。次にこれをキャニスターのなかに並べて、そこに高レベル廃棄物とホウケイ酸ガラスの溶解物を流し込み、固化する方法だ。二重のガラス固化体と言ってよい。

低仕様ＭＯＸとは、ＭＯＸ燃料と同じような燃料の形に加工し、使用済み燃料といっしょに処分するもの。燃料集合体としていっしょに処分する考えと、一本ずつのロッド（燃料棒）にばらして使用済み燃料のロッドと混合して処分する考えがある。燃やすわけではないので、厳密な品質管理は必要ない。被覆管に希少金属をつかうこともない。すなわち「低仕様」である。プルトニウムの含有量も大きくすることが可能である。

表Ⅵ-6　プルトニウムの廃棄方法

ガラス固化体	均一化ガラス固化体	プルトニウムを高レベル放射性廃液とともにキャニスターにガラス固化。
	缶・イン・キャニスター	プルトニウムを小さな缶にガラス固化したものを包み込む形で高レベル放射性廃液をキャニスターにガラス固化。
低仕様MOX（燃やすわけでないので低品質で可）	燃料集合体混合	低仕様のMOX燃料集合体を使用済み燃料集合体に混合。
	ロッド混合	低仕様のMOX燃料棒を使用済み燃料棒に混合（集合体を一本ずつのロッドにばらして混ぜる）。

原子力資料情報室作成

イギリスの処分オプション

イギリスはガス炉の使用済み燃料の再処理（腐食しやすく長期貯蔵ができないので再処理が必要）により数百トンのプルトニウムを抽出しながら、その使いみちがなく持て余している。ガス炉ではプルサーマルができないからだ。

そこで「英国王立協会はこのプルトニウムの処分方法として、新規に建設する原子力発電所［軽水炉］で使用、サイズウェルB発電所［現存する唯一の軽水炉］で使用、MOXペレット［低仕様］に加工にして地層処分の三つの方法を提案している」（［］内は引用者註）と、二〇〇八年九月一六日の原子力委員会に提出された当時の伊藤隆彦委員の「海外出張報告」にある。

さらにいわく「セキュリティリスク軽減のオプションとしてサイズウェルB発電所でMOX燃料利用を提案しているが、日本のプルサーマルのように原子炉に装荷する燃料の1／3をMOX燃料とするためには、制御棒の増設などの設備改造が必要であり、今のところMOX燃料を装荷する計画はないとのことであった。また、サイズウェルB発電所の使用済燃料の再処理は行わないこととなっており、使用済燃料は全て使用済燃料プールに保管している」。

二〇〇九年一月三〇日にNDA（原子力廃止措置機関）が発表した『NDAプルトニウムトピックス戦略──信頼性あるオプションの技術評価』では他に、二〇二〇年まで貯蔵継続、他国に売却または貸与、CANDU炉での燃焼といった案が挙げられ、コストや危険性、雇用、セキュリティ、核拡散抵抗性の比較が行なわれている。いずれも一長一短であり、方針決定にはなお不確かさが大きいとの結論だ。

いずれにせよプルトニウムは、利用されるものでなく廃棄されるものになりつつある。それが世界の流れになっていくだろう。東京電力の榎本聡明《としあき》顧問・元副社長は「再処理によって出てくるプルトニウムの処分という重荷」と、『エネルギー・フォーラム』二〇一〇年六月号で表現していた。

VII

核燃料サイクル政策の転換を提言する

原子力資料情報室／原水爆禁止日本国民会議

二〇一〇年は、原子力委員会が「原子力政策大綱」を定めた二〇〇五年一〇月から五年目にあたる。「政策大綱」の前身である「原子力の研究、開発及び利用に関する長期計画」は、ほぼ五年ごとに改定されてきた。「政策大綱」も見直しの時期を迎えているが、原子力委員会は一〇年の「年頭の所感」で「改定のあり方について検討を進めます」と逃げを打っている。

六ヶ所再処理工場の先行きが見えないなかで大綱の改定なんて、簡単にはできようはずもないということだろう。だが、だからこそ見直しが必要なのではないか。本気で〝転換〟を図るのは、この年を措いてない。

二〇一〇年は、「政策大綱」において次のように位置づけられた年でもある。「中間貯蔵された使用済燃料及びプルサーマルに伴って発生する軽水炉使用済MOX燃料の処理の方策は、六ヶ所再処理工場の運転実績、高速増殖炉及び再処理技術に関する研究開発の進捗状況、核不拡散を巡る国際的な動向等を踏まえて二〇一〇年頃から検討を開始する」。

これについては旧政権下の二〇〇九年七月二八日、文部科学省、経済産業省、電気事業連合会、日本電機工業会、日本原子力研究開発機構の五者が「高速増殖炉実証炉・サイクルの研究開発の進め方について」をまとめ、「第二再処理工場の実現に向けた研究開発の在り方・進め方、事業の在り方、役割分担等に係る必要な検討を継続することとする」とした。

しかし前述のように「六ヶ所再処理工場の運転実績」がまったくないなかで、「政策大綱」があえて忌み言葉のように避けていた「第二再処理工場」の建設を既成事実化しようとすることは明らかに誤っている。むしろ改めて総合的に原子力政策全般、とりわけ核燃料サイクル政策を再検討・再評価することの一環として、この問題は考えられるべきだろう。

さらに二〇一〇年は、高レベル放射性廃棄物処分の法制定から一〇年後の年でもある。失敗の根本に立ち返り、地層処分計画の全体も見直されるべきである。原発推進者からさえ「金をどぶに捨てるよう」と非難される「意味不明」の処分推進キャンペーンなど、即刻中止するしかない。

原子力をとりまく状況は、大きく様変わりしている。経済産業省が二〇〇九年六月に発表した「原子力発電推進強化策」では「二〇一八年度までに運転開始が予定されている九基の新増設を着実にすすめる」としたものの、この強化策を審議した総合資源エネルギー調査会の原子力部会でも、「電力会社は本当に九基も新増設するのか」といった疑問が投げかけられたことを、同年七月六日付の中日新聞・東京新聞は伝えている。

発電所建設の根拠となる電力需要が伸びないのに、原発の出力は大型化している。その大型原発を、運転中は常にフル出力で動かすため、小回りがきかない。刻一刻と変わる電力需要の変動に対応するには、低稼働率に甘んじてくれる出力調整用の火力発電所が必要となる。

他方で、原発は事故や地震、不正の発覚などでしばしば運転を停止し、多数基の同時停止や長期停止も珍しくない。出力が大きなぶん、影響は広範囲に及ぶ。地球温暖化対策の数字合わせにも齟齬を来す。加えて投下コストの回収に時間のかかる原発は、電力会社の経営を脅かす。

原発の脆弱性がいよいよ顕在化してきているのだから、電力会社から敬遠されるのも無理はない。「原子力発電推進強化策」には、「事業者の取組については、国としてこれを後押しするために必要な支援を行う」ことが記載されており、何とか電力会社が逃げ出さないように引き止めようとしている事情が透けて見える。

だが、そうまでして原子力発電をつづける意味はない。原子力発電の廃止を具現化することで、エネルギー供給や地球温暖化対策から不確定要素を減らし、原子力に投じられてきた膨大な資金を持続可能な社会に向けたより有効な投資に振り向けることも可能になる。

後に六ヶ所再処理工場として具体化する「民間再処理工場」の建設計画が初めて登場するのは、一九六七年に原子力委員会が定めた「原子力の研究、開発及び利用に関する長期計画」だ。そこでは一九八五年頃に運転を開始する計画とされていた。九〇年までには高速増殖炉が実用化するとされ、その燃料を供給することになっていたのである。

図Ⅶ-1　プルトニウム利用計画の遅れ方

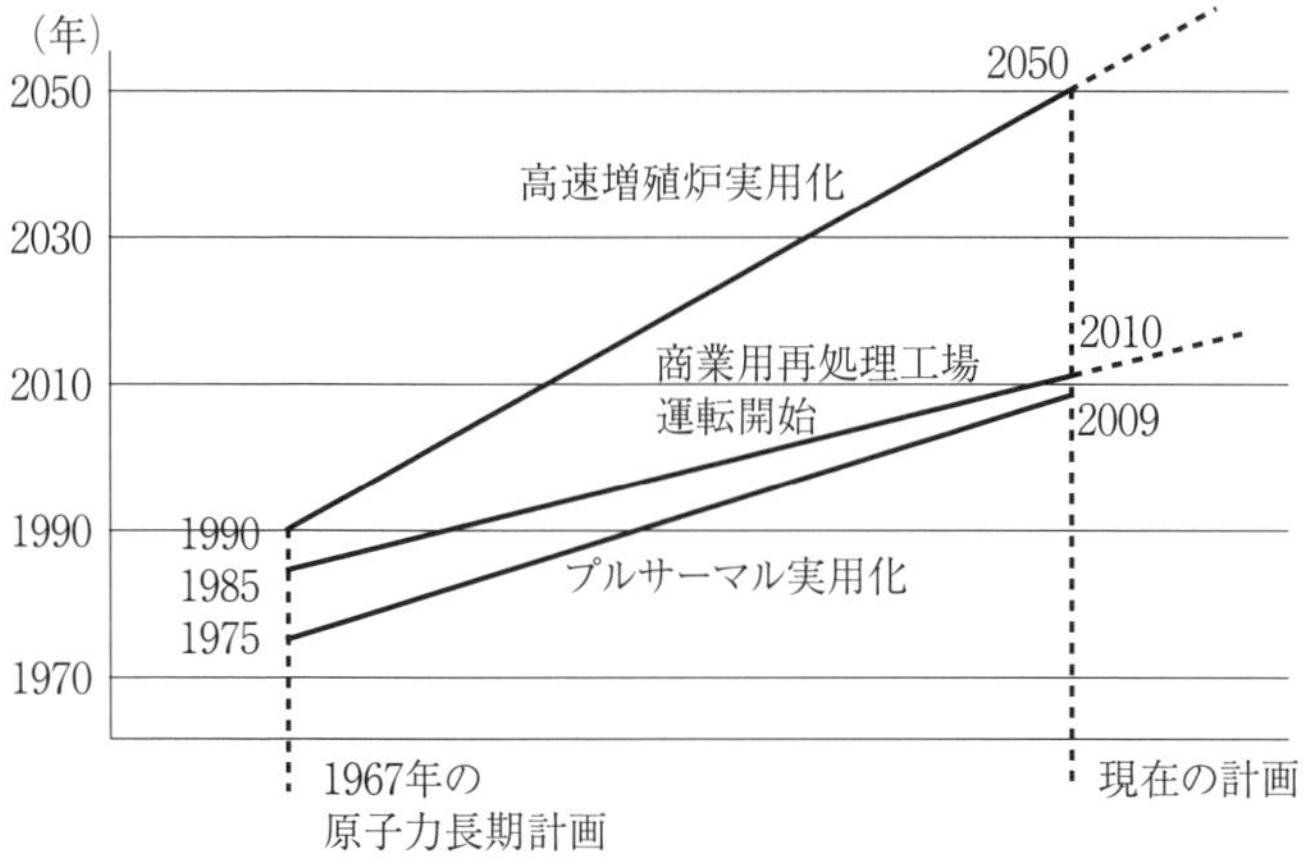

『はんげんぱつ新聞』2009年9月号より

海外からの返還プルトニウムをふつうの原発（軽水炉）で燃やすプルサーマルは、七五年から八四年頃まで、民間再処理工場の運転開始前に、高速増殖炉が実用化されるまでの〝つなぎ〟として行なわれる計画だった。

民間再処理工場と高速増殖炉とプルサーマルの計画は、三つでワンセットだったと言える。

そのどれもが、四半世紀から半世紀以上と、遅れに遅れている。高速増殖炉の実用化に至っては、二〇五〇年までにとされているものの、とうてい実現できそうにない（図Ⅶ-1）。にもかかわらず、その遅れ方に他の計画が歩調を合わせることは、行なわれてこなかった。もともとセットで考えられたものすらバラバラにして、それぞれ勝手に進めてきた（遅らせてきた）のが、日本の核燃料サイクルである。

いまこそ原子力政策・核燃料サイクル政策から決別すべきである。私たちは、次のように政策を転換するよう提言する。

「原子力政策大綱」の改定

転換の第一歩として、「原子力政策大綱」を見直すことが必要である。原子力問題についてのさまざまな見方が公平に反映される人選で策定会議を設け、現行「政策大綱」を根本から見直すべきである。

その際、合理的な手法を採用し、総合的な政策評価を実施することが求められる。

○核燃料サイクル政策の放棄

右の「政策大綱」改定において、私たちが望ましいと考える結論は、再処理‐プルトニウム利用を一刻も早く中止することである。そうすべき理由は、本書中の各稿に詳しい。

東海再処理工場、六ヶ所再処理工場は、ともに廃止されるべきである。

高速増殖実験炉「常陽」、原型炉「もんじゅ」も、廃止されるべきである。ウラン濃縮工場等も廃止されるべきである。

これら施設に保管されている使用済み燃料、プルトニウム、ウラン、放射性廃棄物については、旧政権下で行なわれてきた政策の誤りについて真摯に謝罪した上で立地地域住民の合意を得て、当面は適切な管理が継続されることが必要である。

高速増殖炉の実用化計画、第二再処理工場計画は、放棄されるべきである。

プルサーマル計画は中止されるべきである。

使用済み燃料の集中貯蔵施設計画は中止されるべきである。

使用済み燃料については、旧政権下で行なわれてきた政策の誤りについて真摯に謝罪した上で、当面は各原発サイトでの貯蔵に立地地域住民の合意を得るべきと考える。

放射性廃棄物は埋設から管理へ

放射性廃棄物は、いったん埋設してしまうと、問題が生じてから回収しようとしても困難であり、あえて実施するには大量被曝を必然とし、危険が大きく、多額の費用がかかる。当面は、管理をつづける政策に変更するべきである。

六ヶ所管理センターに保管されている海外返還ガラス固化体、同埋設センターにすでに埋設された放射性廃棄物、各施設に保管されている放射性廃棄物については、当面は適切に管理をつづけていく必要がある。

海外に保管されているプルトニウム、ウラン、放射性廃棄物については、放射能災害およびセキュリティを考慮し、より安全な形で日本に返却されるべきである。それまでの間、適切に管理されることが必要である。

使用済み燃料、プルトニウム、ウラン、放射性廃棄物の最終処分については、将来世代による処分方法の選定の可能性等を考慮しつつ、研究開発をすすめていくべきである。放射能を野放しにする「クリアランス制度」は、廃止されなくてはならない。

とりわけ使用済み燃料およびガラス固化体については、既設の中間貯蔵施設よりも長期の貯蔵を行なうための管理地を必要とする。どこでも拒否される高レベルの放射性廃棄物をどこかでひきうけなくてはならず、長期にわたる管理を将来の世代にも引き継いでもらわなくてはならない。そういう大変な問題だとの確認が、まず必要である。

金で釣って安全だとだまして最後は力づくで処分場にしてしまうやり方で解決することは、決してできない。高レベル放射性廃棄物とどのように向き合うかの大きな議論のなかで時間をかけて管理する場所を決めていくべきである。

○原子力発電廃止の道筋を

原子力発電から脱していく具体的な道筋についての検討を早急に開始すべきである。エネルギー需給はもとより、日本全体、そして立地地域の経済への影響、雇用等社会的影響をも考慮し、社会的弱者に負担を強いない形での道筋をつける必要がある。

地震災害と放射能災害が複合する「原発震災」の危険が特に大きい原発については、即時停止することが求められる。

安易な寿命延長を認めず、事業の許可年限を法に定めるべきである。

安全規制機関の独立

現在の原子力安全委員会は「原子力の研究、開発および利用を推進する」と目的に定めた原子力基本法に基づいて設立されている。欧米各国の例のように「危険の防護」を原子力基本法の目的のひとつに明記し、それをもとに規制機関を位置づけるべきである。

経済産業省のもとで推進行政の風下に立たされている原子力安全・保安院（経済産業省の「外局」である資源エネルギー庁に属する「特別の機関」）の分離独立が必要である。同院と安全委員会のダブルチェック体制は、規制の実効性が発揮できるよう再考されるべきである。

情報公開・住民参加の保障

情報公開をさらに徹底し、核セキュリティ上特段の配慮を要するもの以外はいっさいの情報の秘匿を認めないしくみとすべきである。

スウェーデンの放射線防護局（SSI）では「見知らぬ人が突然SSIに現れ、職員のパソコンの中にある情報をみせてくれといわれれば、すべてのファイルをみせる」とされている（大越実ほか、『日本原子力学会和文論文誌』二〇〇七年四月号）。

新潟県の「柏崎刈羽原子力発電所の透明性を確保する地域の会」やフランスの「地域情報センター」などの例を参考に、各地域に情報公開と住民参加の組織を設けるべきである。

原子力資料情報室／原水爆禁止日本国民会議

［編著者紹介］

原子力資料情報室（げんしりょくしりょうじょうほうしつ）
1975年設立。産業界とは独立な立場から、原子力に関する資料や情報を広く集め、市民活動に役立つように提供している。99年9月より特定非営利活動法人。2010年5月より認定特定非営利活動法人。

原水禁（げんすいきん＝原水爆禁止日本国民会議）
1965年結成。日本でもっとも規模の大きな反核、平和運動団体。「核と人類は共存できない」として、反戦・反核・脱原発・ヒバクシャへの援護・連帯を課題として国内外で運動を展開している。特に、毎年8月に広島と長崎で原水爆禁止世界大会を開催している。

［執筆者紹介］

藤本泰成（ふじもと　やすなり）
原水爆禁止日本国民会議事務局長、フォーラム平和・人権・環境事務局長

伴英幸（ばん　ひでゆき）
原子力資料情報室共同代表

澤井正子（さわい　まさこ）
原子力資料情報室スタッフ・核燃料サイクル担当

上澤千尋（かみさわ　ちひろ）
原子力資料情報室スタッフ・安全問題担当

西尾漠（にしお　ばく）
原子力資料情報室共同代表、原水爆禁止日本国民会議副議長

破綻《はたん》したプルトニウム利用《りよう》――政策転換への提言

2010年7月12日　初版第1刷発行
2011年4月12日　初版第2刷発行

定価1700円＋税

編著者　原子力資料情報室／原水禁
発行者　高須次郎 ©
発行所　緑風出版
〒113-0033　東京都文京区本郷2-17-5　ツイン壱岐坂
［電話］03-3812-9420　［FAX］03-3812-7262
［E-mail］info@ryokufu.com
［郵便振替］00100-9-30776
［URL］http://www.ryokufu.com/

装　幀　斎藤あかね
制　作　R企画　　印　刷　シナノ・巣鴨美術印刷
製　本　シナノ　　用　紙　大宝紙業

E1500

ISBN978-4-8461-1008-6　C0036